KB119926

비전공자도
아는 척할 수 있는
과학 상식

누워서
과학 먹기

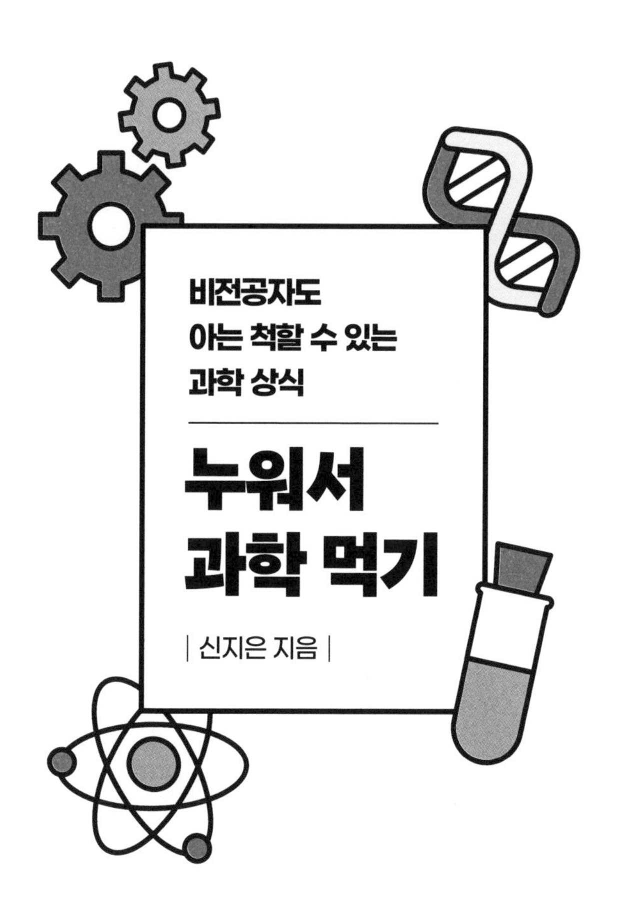

비전공자도
아는 척할 수 있는
과학 상식

누워서 과학 먹기

| 신지은 지음 |

지은이의 말

과학, 포장을 뜯지 않은 선물 꾸러미

나는 수학과 과학을 정말 싫어하는 타고난 문과생이었다. 영어는 나중에 써먹을 데라도 있지, 지구의 나이라든지 복잡한 화학 공식 같은 것은 실생활에서 아무짝에 쓸모없어 보였다. "어렵고 복잡한 물리를 배우는 이유는 뭘까?" 늘 볼멘소리로 혼잣말을 중얼거리게 하던 것이 과학이었다.

훌쩍 큰 내가 과학과 다시 만난 건 방송 덕분이었다. 아나운서가 된 후 전공을 살려 경제 방송을 진행하고 있던 어느 날, 덜컥 과학 방송 진행을 맡게 된 것이다. 더 이상 좋은 점수를 받기 위해 과학 문제와 씨름하지 않아도 되었지만 이번엔 '일'이었다. 그동안 과학을 등한시해왔던 나로서는 2시간 동안 한 가지 과학 이슈를 풀어나가는 '생방송'에서, 젊은 '과학자'들 사이에 앉아, 문과 대표로 과학 이야기를 '듣고', 동시에 '진행'까지 해야 한다는 것이 참 고역이었다.

처음 1년은 방송 중 자리를 박차고 나가고 싶었던 적도 많았다. 그래도 엄연히 진행자로 나와 있는 건데 아무리 머리를 굴려도 할 말이 없었기 때문이다. 비로소 말을 얹고 싶다는 생각이 들 즈음에는 혹시나 내가 잘못된 지식을 전달하진 않을까 걱정이 앞섰다. 이대로는 안 되겠다는 결심이 선 날, 나는 그날 그날의 방송 주제를 글로 써가며 공부하기 시작했다. 알 수 없는 오기가 나를 붙잡았다. 이해가 안 되는 부분이 있으면 도서관에 들러 일주일에 몇 권씩 닥치는 대로 관련 서적을 읽었다. 그렇게 무려 5년이라는 시간이 흘렀다.

그리고 이 책을 쓰고 있는 지금, 나는 당당히 말할 수 있다. 과학은 내 인생을 바꿨다고. '문과라서 과학을 이야기하는 건 금기'라고 잔뜩 쫄아 있던 시간이 너무나 길었다. 지금도 그 두려움이 완벽하게 해소되진 않았지만 이제 내게 과학은 더 이상 '공부'도, '일'도 아니다. 삶의 지평을 넓혀준 고마운 존재다.

이제 힘든 일이 있을 때면 하늘을 본다. 하늘에 둥둥 떠다니는 구름과 그 뒤의 태양빛이 어디서 왔는지 생각한다. 공간의 범위를 확대해 내가 있는 태양계와 은하, 그 뒤의 은하, 그리고 어디론가 끝도 없이 멀어지고 있을, 보이지도 않을 내 모습을 상상해본다. 무엇보다 내가 제일 좋아하는 칼 세이건의 말을 떠올려본다. '페일 블루 닷(Pale Blue Dot)'. 저 멀리 우주에서 돌아본 창백하고 푸른 점 지구. 더 먼 우주에서 보면 점은커녕 아예 보이지도 않을 이 작은 지구에서 먼지만도 못한 내가 그 먼지보다도 더 작은 고민을 하고 있는 건 아닌가 돌이켜본다. 그렇게 우주로부터 이상한 용기를 얻기도 한다.

과학이 중요하다는 건 누구나 안다. 문제는 아직도 많은 사람이 과학을 '어려워한다'는 사실이다. 맞다. 과학은 본래 어렵다. 나 역시 이 책을 쓰는 과정이 쉽지 않았다. 과학에 대한 애정과는 별개로 '문과인 내가 감히…?'라는 생각이 때때로 나를 괴롭히기도 했다. 그러나 과학의 신비로움에 파고들수록 마음 안에서 더욱 선명해지는 생각이 있었다. 과학은 이과생들의 전유물이 아니라는 것. 과학은 우리에게 겸손을 알려주는 지혜이자 우리 그 자체였다.

과학과 인문학으로 갈린 세상이 아니라 이 둘이 합해져서 만들어내는 큰 가능성을 상상해보자. 그 상상을 시작으로, 우리 곁에 늘 존재했지만 포장도 뜯지 않고 방치해뒀던 과학이라는 선물 꾸러미를 겁 없이 뜯어보길 바란다. 선물을 받을지, 받지 않을지는 포장을 열고 결정해도 된다. 한 글자 한 글자 진심으로 여러분이 과학과 사랑에 빠지기를 바라는 마음을 담아 이 책을 썼다. 내 삶의 지평을 넓혀준 과학이 여러분 모두의 삶에도 소중한 선물이 되었으면 좋겠다.

마지막으로 나에게 이 경이로운 과학을 선물해줬던 사람들에게 감사 인사를 전하고 싶다. 〈과방TV〉 공동 진행자였으며 현재 유튜브 〈안될과학〉으로 과학을 전파 중인 진정한 과학 커뮤니케이터 궤도님, 약님, 과방TV 에러와 뉴런 외 수많은 과학 커뮤니케이터들에게 고맙다는 인사를 전한다. 그리고 5년간 과학을 사랑하는 마음으로 〈과방TV〉에 전폭적인 지원을 아끼지 않았던 아프리카TV 서수길 대표님께도 지면으로나마 진심으로 감사의 인사를 드린다.

신지은

추천사

5년간 과학자들과 함께 과학 대중화를 위해 청년들과 소통해온 신지은 아나운서가 이제는 과학을 누워서 먹을 수 있도록 책까지 써주셨다니, 참으로 놀랍습니다. 공돌이 출신인 제가 읽어도 몰랐던 내용들을 새롭게 알게 되고, 어려운 개념들도 쉬운 예시로 재밌게 읽을 수 있는 책이었습니다. 여러분도 이 책과 함께 과학을 맛있게 드셔보시길 추천드립니다.

서수길(BJ케빈)_아프리카TV 대표

과학적 발견이 인류에 끼치는 영향력은 막대하다. 하지만 과학이 어렵고 복잡하다 보니 과학으로 내면의 경이로움까지 느끼기는 쉽지 않다. 이 책에는 전문적인 과학기술의 정수가 녹아 있진 않다. 대신 과학을 문화로 바라보는 따스한 시선과 과학을 접하며 느꼈던 감동을 하나라도 놓치지 않으려는 저자의 애정이 가득 담겨 있다. 이러한 시도로 언젠가 사람들이 카페 테라스에 앉아 철 지난 농담처럼 과학을 이야기하길 꿈꾼다.

——————— 궤도_『궤도의 과학 허세』 저자, 과학 커뮤니케이터

과학을 기술하는 수학이라는 언어와, 온갖 전문용어로 점철된 과학의 형상 때문에 비전공자들에겐 과학이 어렵게 느껴지는 것이 당연할지도 모르겠다. 그런 의미에서 나는 이 책과 같이 정갈하고 예쁘게 과학을 이야기하는 글이 늘 기다려진다. '과학적 소통'이란 단지 모든 사람이 과학을 재밌어하면 좋겠는 데 의의가 있는 것이 아닌, 미처 알지 못했던 과학의 매력을 우선 잘 전달하는 것만으로도 그 의미가 깊기 때문이다.

——————— 곽방TV 에러_과학 커뮤니케이터

차분하지만 따분하지 않게, 어렵지 않지만 가볍지도 않게, 고전적

인 과학 상식과 최근의 과학 이슈들을 편안히 읽을 수 있도록 잘 풀어냈다. 동화로 문학을 시작하고 동요로 음악을 시작하듯이 신지은 작가의 이야기는 과학적 사고 놀이에 즐거움을 선사할 것이다.

한대엽_예일대 치료방사선학 부교수

작가가 소개한 다양한 과학 이야기는 글마다 여운과 함께 더욱 깊이 있게 다가온다. 과학과 인문학의 만남이 이렇게나 부드럽다. '과학을 말하는 사람'에서 '말하는 사람'의 역할이 무엇인지 이 책을 보고 배우는 기분이다. 작가의 도전을 응원하는 마음으로 읽기 시작했는데, 다 읽고 나니 응원이 아닌 감사를 전해야겠다.

김희태_한국에너지공과대학교(KENTECH) 교수

과학이 우리 생활에 밀접해 있다는 건 누구나 알고 있다. 하지만 '밀접하다'라는 말이 무색하게 과학과 거리감을 좁혀보려 노력하는 이들은 너무 적다. 여기, 바쁜 이들을 대신해 그 거리감을 좁혀보려 열정적으로 과학을 공부한 작가가 있다. 이 작가가 친절하게 안내하는 과학 이야기에 나 또한 조금은 과학에 가까워진 듯하다. 당신도 이 책과 함께 신비로운 과학의 세계에 빠져보길 바란다.

신지애_프로 골퍼

좋다. 책을 읽으면서 잘 깎인 과학이라는 과일을 누워서 편하게 먹는 듯한 기분이다. 그만큼 쉽고 간명하게 상식과 전문 영역을 설명하고 이해시켜주는 책이다. 신지은 작가의 설명으로 만나는 과학 상식들은 당신을 새로운 세상으로 안내할 것이다. 이제는 상식과 취미의 세계로 들어온 과학에 나도 한 번 빠져보고 싶다는 사람이라면 꼭 읽어보시라. 좋고, 편하며, 쉽고, 아름답다.

안시준_한국갭이어 창업자

나처럼 아직 빛을 보지 못한 혁신 기술을 쫓으며 투자하는 삶을 사는 이들이 늘 맞닥뜨리는 문제는 바로 감정 기복이다. 이때는 맞닥뜨린 문제를 한 발 물러서서 바라보아야 하는데, 이럴 때 가장 효과적인 방법이 바로 저자가 이야기한 먼지의 마음을 갖는 것이다. 이 광대한 자연과 우주의 세계를 받아들이고 있자면 현실 속의 문제들이 비로소 객관적으로 보일 때가 있다. 오늘날 과학이 우리 곁에 꼭 필요한 이유가 바로 이것이다. 과학이 주는 삶의 지혜와 통찰을 원한다면 가장 먼저 펼쳐봐야 할 책이다.

이용재_『넥스트 머니』 저자

목차

1장

생명, 그 경이로움에 대하여

2장

물리, 이 세상은 보이지 않는 힘으로 가득하다

3장

먼지인 우리에게 우주가 보내는 편지

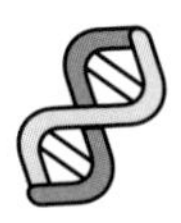

4장

과학이 선물할 두렵고 벅찬 미래

"나는 과학에 위대한 아름다움이 있다고 생각한다.
연구실 과학자는 단순한 기술자가 아니라
마치 동화처럼 자신에게 감명을 주는
자연현상 앞에 선 어린아이이기도 하다."

_마리 퀴리 Marie Curie
라듐을 발견한 프랑스의 화학자

1장
생명,
그 경이로움에
대하여

최초의 생명체,
우연과 필연 사이

×

생명과학

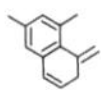

최초의 생명체는 어떤 존재였을까. 어떤 모습으로 처음 세상에 나타났을까. 자의든 타의든 우리 모두가 한 번쯤 생각해봤을 의문이다. 이 흔한 질문에 대한 대답은 쉽지가 않다. 1 더하기 1은 2라든지, 원주율은 3.14라든지 하는 답이 딱 떨어지는 수학 문제와 달리 앞으로도 쭉 답을 얻을 수 없는 질문인지도 모른다. 사실 답도 없는 질문에 골몰하기에 우리는 너무 바쁘다. '인류는 어디에서 왔는가?'라는 질문을 하기 앞서 '어떻게 잘 살아야 할까?' 하는 고민부터가 난제다. 아마 과거의 사람들도 늘 그래왔을 것이다. 그렇다면 삶의 기원보다 '먹고사니즘'이 언제나 더욱 중요했던 우리가, 그럼에도 불구하고 최초의 생명체가 무엇이었을지 고민해봐야 하는 이유는 과연 무엇일까?

최초의 생명체 탄생에 대한 여러 가지 가설들

이야기를 풀어나가기 위해 먼저 과학자들이 오랜 시간 골몰해온 지구 최초의 생명체에 대한 가설을 살펴보려 한다. 아직까지 이견이 분분한 이슈다. 그러나 찬찬히 살펴보면 이 가설들이 말하는 한 가지 공통 요인을 찾을 수 있다. 바로 '우연'의 작용이다.

첫 번째 우연, 테이아와의 충돌

첫 번째 우연은 약 46억 년 전, 소용돌이치는 가스와 먼지를 끌어당겨 태양계의 세 번째 행성이 된 지구가 지구 주위에서 방황하던 화성 크기의 소행성 '테이아'와 충돌한 사건이었다(참고로 지구의 맨틀 깊숙이 묻혀 있는 2개 대륙 크기의 암석층에서 테이아의 흔적을 발견할 수 있다는 추측을 하는 연구자들도 있다. 테이아의 잔해가 지구 깊숙한 곳에 있다는 주장이다). 듣기만 해도 아찔한 이야기다. 테이아는 수많은 소행성과 부딪히면서 축이 기울어져 있던 지구에게 마지막 결정타를 날렸다. 눈부시게 아름다운 사계절의 축복을 허락한, 지구의 기울기 23.5°가 결정된 마지막 타이밍이었다. 이때의 충격으로 떨어져나간 파편이 달이 되었다는 설이 있으니 얼마나 큰 충돌이었을지 미뤄 짐작할 만하다. 어쨌든 확실한 건 이 우연한 파괴적 충돌이 지구의 눈을 뜨게 한 셈이라는 것이다.

그러나 지구를 기다리고 있던 건 모진 시련이었다. 달이 막 떨어져 나갔을 무렵 지구의 표면 온도는 2천℃가 넘었다. 달과도 너무 가깝다 보니 인력도 커서 일상이 메가 폭풍이었다. 하루도 6시간 정도에 불과했다. 그 어떤 유기체가 있었다고 해도 낮과 밤을 온전히 즐기기 힘든 환경이었다. 대기엔 메탄과 질소만 가득했다. 당시의 지구는 칼 세이건이 말한 '창백하고 푸른 점 지구'와는 한참 거리가 먼 '불덩이' 행성이었다.

두 번째 우연, 유성이 싣고 온 화학물질들

제2의 우연은 오랜 기간에 걸쳐 일어났다. 지구로 떨어진 유성들의 결정에 미량의 물 입자가 있었던 것이다. 수억 년의 시간 동안 계속해서 지구로 떨어진 유성들이 지구에 녹아내리면서 그렇게 차츰 지구 표면에 물이 쌓였다. 지금이야 지구의 70%가 바다이고, 흔히 볼 수 있는 게 바닷물이지만 이 가설에 따르면 바닷물 한 방울 한 방울은 모두 수천만 년의 역사를 갖고 있는 셈이다. 유성은 물만 가져온 것이 아니었다. 지구에서 녹으면서 미네랄을 배출했고 탄소를 운반했다. 그렇게 원시 단백질과 아미노산이 바다 깊은 곳에 쌓인 것이다.

세 번째 우연, 마그마가 끓인 바다

제3의 우연은 바닷속 깊은 곳에서 일어났다. 해저 깊이 스며든 물이 마그마에 의해 끓어 분출된 것이다. 그렇게 원시 단백질과 아미노산이 뒤섞이며 화학반응을 시작했고, 그 반응의 산물로 태어난 게 '유기체'들이었다. 이후 유기물들이 뭉치게 되면서부터는 박테리아 같은 생명체라 부를 수 있는 것들도 등장했다. 오랜 시간이 지나, 이번에는 광합성을 하는 박테리아가 등장했고 그들이 내뿜는 산소는 마침내 대기를 바꿨다. 지

❖ 오스트레일리아 서부 샤크 만에 있는 스트로마톨라이트

출처: wikipedia

구를 보호하는 오존층도 이때 만들어졌다. 미생물과 균류, 식물이 물 밖으로 이주할 수 있는 환경이 만들어진 것이다. 박테리아가 뭉쳐 만들어진 돌 모양의 화석, 즉 '스트로마톨라이트' 중 가장 오래된 것은 35억 년 전의 역사를 복기하듯 호주의 한 해변에 남아 있다. 우리가 지금 숨을 쉬며 살아갈 수 있는 건 우연의 우연이 낳은 박테리아 군락 덕분이 아닐까.

여러 가설을 종합해서 적었으나 최초의 생명체에 대한 답은 앞서 말했듯 어떤 과학자도 완벽하게 증명해내지 못했다. 현

존하는 모든 생물의 모체가 된 원시 생명체는 육지의 작은 연못에서 태어났을 거라고 말했던 찰스 다윈(정식 저서에서 한 이야기는 아니다. 1871년 2월 1일, 그의 가까운 친구인 자연학자 조셉 달튼 후커에게 쓴 편지에서 이렇게 적었다고 한다)부터, 물질이 화학변화를 거듭해 막으로 둘러싸인 유기물 복합체 코아세르베이트를 거쳐 생명이 되었다고 주장했던 러시아 과학자 알렉산드르 오파린, 플라스크에 고대 원시지구의 대기 물질을 채우고 번개를 발생시켜 유기물이 합성되는 걸 증명해냈던 닐 밀러(밀러가 가정한 대기 조건은 수증기, 메탄, 암모니아, 수소가 풍부한 환경이었는데 지구의 극초기 환경은 이와 달랐을 가능성이 있다고 제기되며 아직 논란이 남아 있는 상황이다)까지, 최초의 생명체를 밝히기 위한 과학자들의 노력은 분분했다.

현대에 와서는 바다 깊은 곳에서 단백질, 철, 납 등의 화학물질을 분출하고 있는 '해저열수분출구'에 주목하는 과학자들도 있다. 태양빛이 들어오지 않는 암흑 같은 이곳에서 여전히 생명체가 발견되고 있다는 이유에서다.

거대 행성과의 충돌, 외계에서 타고 들어온 단세포 물질들, 그 세포가 열과 만나 반응해 만들어진 유기물질과 그 노폐물인 산소, 그리고 그로부터 뻗어나온 지구의 수없이 많은 생명들. 과학이라기엔 너무나 '영화' 같은 이야기지만, 지구가 탄생한 45억 년 전과 최초의 생명체가 탄생했다고 추정되는 35억 년 사이에는 9억~10억 년이라는 상상하기 힘들게 긴 시간이 자리 잡고 있다는 점에서 충분히 가능한 일이 아닐까. 운석에 있는 작은 물이 모여 바다가 되기까지 걸린 시간이 수천만 년이라는 점을 생각해봤을 때 '작은 우연'이 생기고도 남을 시간이긴 하다. 그 오랜 시간 속에서 우리가 모르는 어떤 존재는 스스로 복제하고 분열하게 되었을 수 있지 않을까? 그렇게 우연에 우연을 거듭하며 엄청난 확률을 뚫고 탄생한 것이 바로 '최초의 생명체'이고 말이다.

인간의 탄생엔 뭔가 특별한 게 있지 않을까? 과학이 주는 대답은 실망스럽다. 2005년 미국의 연구진은 사람과 침팬지의 DNA를 분석한 결과 99% 이상이 동일하다는 연구 결과를 내놨다. 침팬지뿐만이 아니다. 더운 여름철만 되면 20층이 넘는 우리 집까지 어떻게 올라왔는지 모를 초파리들과 우리의 유전자는 60%가 일치한다. 말은 못하지만 눈빛과 행동으로 나와 모든 걸 교감하는 우리집 강아지 미남이도 인간인 나와 DNA가 85%가량 일치한단다.

생명의 기원에 대해 생각할 때 과학이 우리에게 시사하는 것

삶이란 무엇일까? 우리는 어디에서 왔을까? 수십만 가지의 화학물질이 얽히고설킨 세포들의 집합체인 우리의 몸. ATGC라는 네 가지 염기서열로 정보를 남기는 DNA가 우리를 살아 있다고 규정짓는 단서라면 결국 우리가 하는 고민과 생각은 그리 특별한 게 아닐지 모른다. 우리의 생각 역시도 에너지를 공급받은 뇌 속에서 일어나는 단순한 화학반응이라는 말도 있으니 말이다.

이와 같이 생각하다 보면 '나는 생각한다, 그러므로 나는 존재한다.'라고 인간의 존엄성을 이야기했던 데카르트의 말이 무색해지기도 한다. 과학적 관점에서는 세포라는 집과 이 집의 설계도인 DNA, 부분 설계도인 RNA, 단백질이라는 일꾼인 동시에 재료만 있다면 모든 생명체는 평등하기 때문이다. 우리는 인간 종(種)과 다른 생명체들을 경계 짓는 것이 무수히 많다고 생각하지만 과학은 우리 모두가 거의 비슷한 유전자를 가진, 최초의 생명체로부터 뻗어 나온 삶의 동반자들이라는 결론을 내주고 있다.

그래서 최초의 생명체가 대체 어떻게 탄생한 거냐고? 답은 없다. 과학자들도 내리지 못한 결론이다. 석학들도 '생명의 기원'을 말하는 것을 꺼린다. 아직 그 무엇도 완벽하지 않기 때문이다. 그러나 생명의 탄생이 우연이었든 우연을 가정한 필연이었든 35억 년 전 최초의 생명체를 찾아 올라가는 그 여정은 바쁜 일상 속에서라도 한 번쯤은 걸어볼 만하다. 더없이 특별하게만 여겨지던 우리의 삶을, 그래서 더 치열하고 복잡한 우리의 일상을 조금은 뒤로 밀어두고, 한 걸음 떨어져 나를, 인간 존재의 근원을 순수하게 탐구하고 돌아보게 하니까. 알 수 없는 자연이 선사하는 경외감이 우리를 좀 더 겸손하게 만드니까 말이다.

오늘도 DNA 공장은 야근이다

×

분자생물학

우리 몸의 세포 수는 수십 조에 달한다. 그리고 이 많은 양의 세포 각각은 마치 털갈이를 하듯 매일 태어나고 죽는다. 죽음은 언제나 슬픈 것이지만 세포들의 죽음은 다르다. 이들의 죽음은 생존을 위한 '프로그래밍'에 가깝기 때문이다. 평균 수명이 3일인 혈액세포, 일주일을 사는 내장 속의 세포들을 포함해 약 3,300억 개의 세포가 매일 태어나고 죽으며 우리 세포 세계의 룰을 지키고 있다. 우리 몸 전체 세포의 1%가 하루 동안 그렇게 죽고 새로 태어난다. 지금 이 순간에도.

세포는 분열을 통해 탄생한다. 한 개의 작은 수정란에서 시작한 내가 지금의 덩치(?)를 갖게 된 것도, 이렇게 생명을 유지하고 있는 것도 다 치열한 세포분열 덕분이다. 중요한 건 세포가 분열될 때마다 세포 속 '유전물질'인 DNA도 매번 함께 복제된다는 점이다. DNA는 세포 안의 핵, 핵 안의 염색체에 A, T, G, C라는 네 가지 염기로 구성되어 있다. 육안으로는 보이지 않는 세포 저 깊은 곳에 우리 몸의 설명서가 이중나선 구조로 암호화되어 서로 얽혀 저장되어 있는 것이다. 수많은 세포가 태어나도 큰 사고 없이 내가 나로 유지되는 건 우리 몸의 바로 이 완벽한 복제 시스템 덕분이다.

정교한 과정을 거쳐 복제되는 DNA

DNA가 어떻게 복제되는지를 '센트럴 도그마(Central Dogma, 분자생물학의 기본 원리)'라는 일반 원리를 통해 처음으로 정립한 사람은 DNA의 나선형 구조를 밝히기도 한 영국의 분자생물

❖ 크릭의 미발표 노트에서 나온 센트럴 도그마의 첫 개요

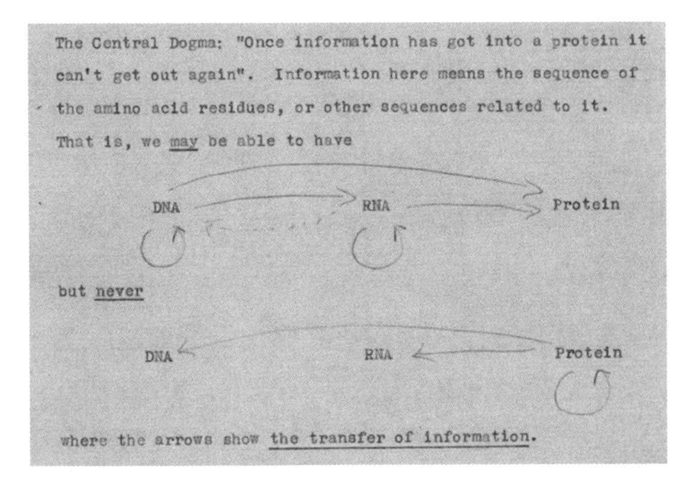

The Central Dogma: "Once information has got into a protein it can't get out again". Information here means the sequence of the amino acid residues, or other sequences related to it.

That is, we may be able to have

DNA → RNA → Protein

but never

DNA ← RNA ← Protein

where the arrows show the transfer of information.

출처: 영국 런던 웰컴도서관 홈페이지

학자 프란시스 크릭이었다. 1956년 처음 센트럴 도그마를 생각해낸 그는 우리의 유전 정보는 DNA에서 RNA로, 그리고 다시 단백질로 흐른다고 주장했다. 강이 역류할 수 없듯, 이 반대는 있을 수 없다고 봤다(RNA를 유전물질로 갖는 '레트로 바이러스'는 RNA에서 DNA를 만들어내는 역전사효소를 가지고 있다는 것이 밝혀지는 등 예외가 있음이 이후에 밝혀졌다). 핵심은 '복제'와 '전사' 그리고 '번역'이었다. 지금부터 조금 복잡할 수 있는데 도무지 이해하기 어렵다면 '아 DNA가 이렇게나 정교하게 복제되는

구나.' 정도로만 이해하고 넘어가도 좋다.

복제(DNA → DNA)

첫 번째 관문은 '복제(Replication)'다. DNA는 스스로 복제할 줄 안다. 우리는 이 복제의 과정을 살펴보면서 우리 몸속의 정말 미세한 부분조차도 아주 정교하게 돌아간다는 걸 여실히 느껴볼 수 있다.

먼저 우리가 외투의 지퍼를 열었다고 생각해보자. 이때 지퍼가 열린 채 그대로 있는 게 아니라 반쪽짜리가 된 지퍼 양쪽에 새로운 톱니바퀴들이 날아와 지퍼가 두 개 달린 기형적인 옷을 만든다고 상상해보는 것이다. 옷의 지퍼는 사람의 손이 잡고 열지만 뉴클레오타이드(DNA, RNA와 같은 핵산을 구성하는 단위체 분자)가 연결되어 있는 DNA 지퍼는 헬리케이스라는 효소가 연다. 지퍼가 열리기 시작하면 쭉 나열되어 있는 짝을 잃은 A, T, G, C 각각의 염기에 프라이머라는 신호가 먼저 '이정표'를 만들기 위해 붙는다. '여기서부터 염기들을 붙이면 된다'고 시범을 보이는 것이다. 또 염기들은 아무하고나 붙지도 않는다. A는 T, G는 C하고만 결합한다. 프라이머를 감지한 DNA 중합효소들은 반쪽짜리 가닥들에 딱 맞는 DNA 염기

❖ DNA 복제 과정

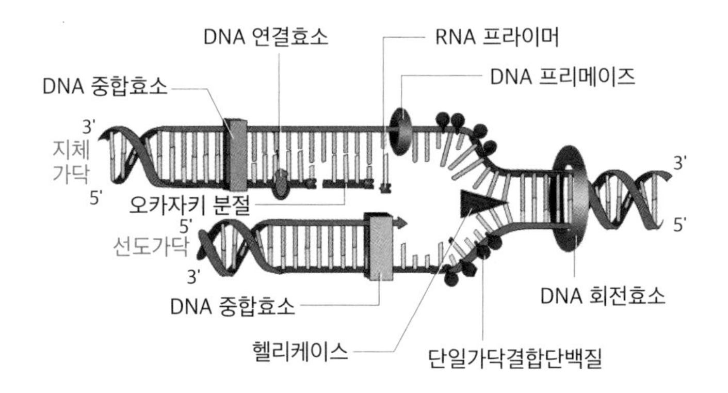

출처: wikipedia

들, 그러니까 톱니바퀴 조각들을 붙여대기 시작한다. 이때 선도가닥과 지연가닥으로 나뉘어 조각이 붙는 방식은 알아두면 좋지만 여러분의 머릿속이 너무나 복잡해질 테니 여기서는 생략하도록 하자. 어쨌든 톱니바퀴 조각들이 붙는 게 끝나면 프라이머는 떨어져나가고, '리가아제'라는 DNA 연결효소의 도움으로 DNA 중합효소가 빈자리를 메꾼다. 하나의 DNA가 둘이 되는 순간이다.

앞서 말했듯 굉장히 복잡하고 절묘한 과정이다. 여기서 우리가 꼭 기억해야 할 점은 하나의 세포 속에 DNA가 자그마치 30억 개의 염기쌍으로 존재한다는 것이다. 세상에. 염기가 1초에 1개만 붙는다고 가정해도 다 붙는 데 30억 초가 걸린다. 30억 초는 3만 4,722일, 1,157개월, 즉 96년이다. 실제로는 이보다 훨씬 빠르게 진행되겠지만, 우리가 느끼지도 못하는 사이 이런 식으로 하루에 3,300억 개의 세포 속 DNA들이 무수히 빠르게 복제되고 있다니. 과연 엄청나지 않은가.

전사(DNA → RNA)

우리 몸에서 단백질이 필요해지면 '전사(Transcription)' 단계가 시작된다. 말 그대로 '받아쓰는' 단계다. DNA는 단백질을 만드는 설명서를 들고 있다. 그런데 이것이 워낙 귀한 설명서이다 보니 스스로 움직이다 손상되기라도 하면 위험한 것이다. 그리하여 DNA는 직접 핵 밖으로 나가지 않는다. 대신 mRNA(messenger RNA)라 불리는 '메신저'를 만들어 자신의 유전 정보 일부분을 베껴가도록 한다. 이때도 위에서 살펴본 복제 과정과 비슷하게 이중나선이 양쪽으로 풀리면서 틈이 열린다. 그 사이 mRNA가 한쪽 가닥을 재빨리 스캔해 유전 정보를 받아 적는다.

번역(RNA → 단백질)

'번역(Translation)'은 mRNA가 핵 밖으로 이동해 단백질 제조 공장 '리보솜' 안에 자리를 잡으면서 시작된다. 설명서를 복사해왔으니 이제 설명서대로 단백질을 만들 차례다. 리보솜에 mRNA가 도착하는 동안 tRNA(transfer RNA)가 설명서대로 단백질을 만들 재료인 아미노산을 운반해온다. tRNA는 위쪽으로는 아미노산과 결합되어 있고 밑은 mRNA의 결합 단위인 '코돈'과 붙기 위한 '안티코돈'으로 이뤄져 있다. 딱 맞아떨어

∻ DNA 번역의 과정

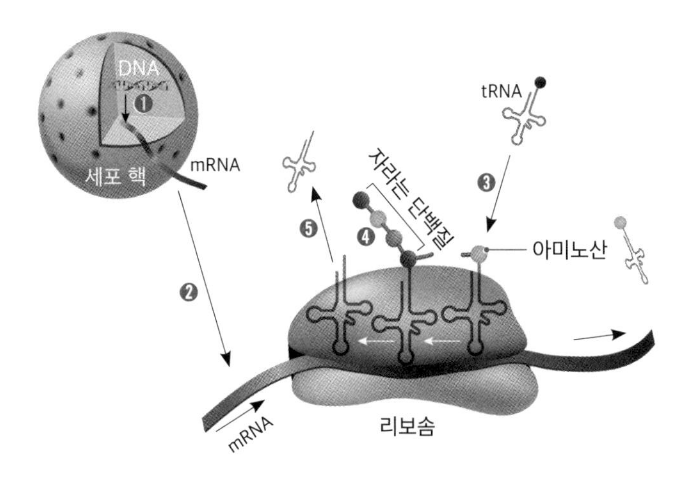

출처: Shutterstock

지는 톱니바퀴처럼 코돈과 안티코돈이 완벽하게 결합되고 나면 tRNA 위에 실려 있던 아미노산도 DNA 설명서에 따라 각각의 위치로 배열된다. 이렇게 우리의 손발톱, 머리카락, 호르몬 등을 구성하는 근간인 단백질이 완성되는 것이다. 간단해 보이지만 하나의 세포에 많게는 100만 개까지의 리보솜이 들어 있다고 하니 놀라울 따름이다.

결국 세포보다 작은 DNA는 오늘도 우리를 우리답게 만들고 있다. 내가, 그리고 여러분이 살아가는 모든 과정은 우리 몸 속 모든 곳에서 엄청난 활약을 하고 있는 이러한 DNA가 일한 결과다. 새삼 '나'라는 존재가 위대하게 느껴지지 않는가?

오늘도 야근하고 있을 우리들의 DNA를 위하여

삶이 무료한가? 그렇다면 우리 몸에 대한 예의가 아니다. 지금 이 순간에도 세포는 분열하고 있고 동시에 DNA는 복제되고 있다. 이렇게 만들어진 세포 속 DNA는 단백질 만들기에 한창이다. 우리가 살아 있다는 건 곧 끝없는 DNA의 복제와 끝없는 세포 분열의 과정이 반복되고 있다는 뜻이다. 지금 이 순간에도 우리의 DNA 공장은 미칠 듯이 빠른 속도로 돌아가고 있다. 삶을 마음껏 즐기자. 무료하거나 슬플 틈이 없다. 세포분열의 과정이 계속되는 한 우리 역시 그 값비싼 몸을 활용해 즐겁고 행복하게 현재를 살아내야 할 의무가 있다.

사랑을 하자, 텔로미어를 위해

×

세포생물학

좋아하는 상대를 본 순간 심장이 뛰에도 불구하고 애써 그 마음을 부정하고 싶을 때, 우리는 종종 심장에 대고 '멈춰라 심장아!'라고 외친다. 그러나 사랑은 사실 심장이 시키지 않는다. '뇌'가 시킨다. 미국 럿거스 대학교 헬렌 박사 연구팀은 사랑은 욕망, 끌림, 애착의 세 단계로 나눌 수 있다면서 이 모든 게 뇌에서 분비되는 호르몬의 작용이라고 했다.

욕망의 단계에서는 뇌의 시상하부가 테스토스테론과 에스

트로겐 같은 성 호르몬 생성을 자극한다. 아마도 생식과 번식을 위한 인간의 동물적 감각 때문일 것이다. 끌림의 단계는 좀 더 복잡하다. 도파민이 우리를 흥분시키고, 노로에피네프린이 우리를 사랑에 빠진 영화 속 주인공으로 만든다. 이때 우리의 마음을 차분하게 해주는 호르몬인 세로토닌은 되레 강박장애 환자들과 비슷한 수준까지 그 분비량이 줄어든다. 막 사랑에 빠진 우리가 상대는 날 어떻게 생각할까 노심초사하며 하루 종일 그 상대만 생각하게 되는 이유다.

지금으로부터 60여 년 전, 미국의 심리학자 제임스 올즈와 신경생리학자 피터 밀너는 실험을 통해 쥐들이 자신들의 뇌 '측좌핵' 부분에 이식된 전극을 스스로 자극한다는 걸 발견했다. 쥐가 있는 공간에 레버를 설치해 그 레버를 누를 때마다 뇌에 전극이 가도록 실험했더니 쥐들이 밥과 물을 먹는 것도 잊은 채 레버를 눌러댔던 것이다. 심지어 시간당 2천 번까지 레버를 누르는 쥐도 있었다고 한다. 사람도 사랑에 빠지면 이와 같이 '도파민 공장'인 복측피개영역과 측좌핵 부분이 자극되어 뇌에서 도파민이 퍼져 나간다고 하니, 이쯤 되면 '과연 사랑이 인간만의 숭고한 감정일까?'라는 의문이 든다. 물론 마지막 애착 단계가 되면 옥시토신의 분비가 늘어나며 흥분과 각성보다는 유대와 사랑의 감정이 깊어진다고는 하지만, 어쨌든 이 또한 결국 뇌에서 분비되는 호르몬의 역할이다. 그렇다면 우리의 지고지순한 사랑은 그저 '호르몬'의 자극에 불과했단 말인가.

우리의 사랑이 단순한 호르몬의 장난이 아닌 이유

우리의 사랑을 차별화해주는 건 '신피질'이다. 신피질은 인간의 뇌에서 가장 늦게 발달된 인간만의 영역이다. 잠시 우리의 뇌를 겉부분이 초콜릿으로 코팅된 바닐라 맛 막대 아이스크림이라고 상상해보자. 아이스크림의 바깥을 둘러싸고 있는 초코가 '신피질'이라면 그 안의 달콤한 바닐라 아이스크림은 감정을 느끼는 포유류의 뇌 '변연계'다. 대부분의 아이스크림이 다 갖고 있는 아이스크림의 막대는 원시 뇌로 불리는 '뇌간'이다. 여기서 신피질은 인간과 동물을 차별화해주는 영역이다. 고차원적 지각과 이성은 신피질의 몫이다. 인간이 무작정 호르몬만을 앞세운 본능적 영역의 사랑에만 몰두하지 않는 이유다. 물론 인간은 이 '이성'의 힘으로만 사랑하지도 못한다. 인간은 '감정'과 '이성'을 한 배에 태워 사랑의 감정을 만들어낸다. 사랑에 빠질 때 분비되는 호르몬은 누구나가 비슷하고 사랑이란 누구나 하는 흔하디 흔한 것이라 해도 우리 각자의 사랑이 제각각 특별하고 경이로울 수 있는 이유가 여기에 있다. '제 눈에 안경'이라는 말은 사랑을 폄하하기 위한 말로 흔히 쓰이지만, 동시에 사랑의 특별한 이중성을 잘 드러내주는 말이 아닐까. 인간이 사랑을 갈망하는 건 단지 쾌락을 채우기 위함은 아닐 것이다. 내 곁에 나만을 사랑해주는 그 존재 자체가 우리에겐 큰 행복이다.

우리 몸속의 구두굽, 텔로미어

사랑이란 감정은 정말 우리에게 유익할까? 답을 내리기 위해 잠시 우리 몸속으로 들어가보자. 앞에서 살펴본 것처럼 우리의 몸속에서는 지금 이 순간에도 세포가 분열에 분열을 거듭하며 '열일'하고 있다. 세포 속 염색체 끝에는 '텔로미어'라는 게 붙어 있다. 이건 염색체에게는 마치 구두굽 같은 존재다. 염색

❖ 인간 염색체(회색) 말단을 덮고 있는 텔로미어(흰색)

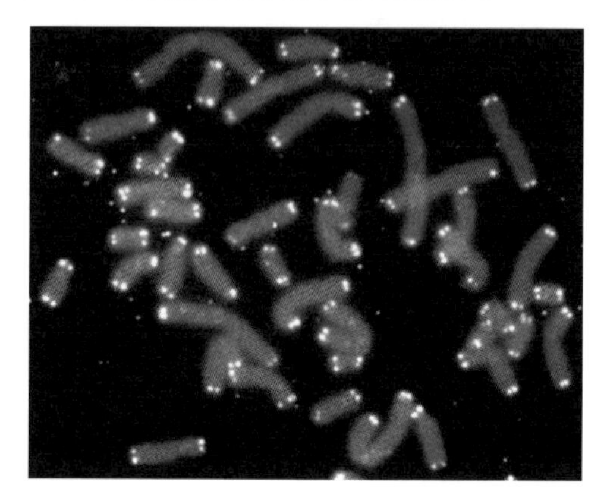

출처: wikipedia

체 끝에 붙어 염색체를 보호하는 역할을 하기 때문이다(참고로 뒤에서 이야기할 분자생물학자 엘리자베스 블랙번은 이걸 신발끈 끝에 붙어 있는 플라스틱 캡으로 표현했다).

오래 걸으면 닳아 없어지는 구두굽처럼 텔로미어 역시 세포 분열이 계속될수록 닳는다(극단적으로 이게 모두 닳아 없어지면 세포는 죽는다). 구두굽은 닳으면 구둣방에 가서 새로 갈면 되지만 텔로미어는 갈아 끼울 수가 없다. 인간이 나이가 든다는 걸 좀 더 과학적으로 이야기해보면 '텔로미어가 점점 닳는 과정'이라고 말해도 될 것이다.

텔로미어는 도대체 어떤 존재일까. 평생 텔로미어를 연구했던 오스트레일리아 출신의 분자생물학자 엘리자베스 블랙번은 2만 개에 달하는 텔로미어를 가진 채 연못 속에서 살아가는 단세포 생물 '테트라히메나'를 연구했다. 그녀는 곧 테트라히메나가 늙지도, 죽지도 않는다는 걸 알아냈다. 테트라히메나의 텔로미어가 절대 줄어들지 않고 때로는 길어지기까지 한다는 사실도. 그 비결은 '텔로머레이즈(염색체의 양쪽 끝에 말단소립을 부착해 염색체를 보호하는 역할을 하는 효소)'였다. 테트라히메나의 텔로미어에서 텔로머레이즈를 제거했더니 절대 줄어들지 않았던 테트라히메나의 텔로미어가 짧아진 것이다. 2009년 결국 그녀는 염색체가 어떻게 텔로미어와 텔로머레이즈에 의해 보호되는지 발견한 공로로 노벨 생리의학상을 받았다.

행복하면 더 오래 산다

사랑 이야기를 하다 갑자기 텔로미어 이야기를 하는 건 '사랑'과 같은 우리를 행복하게 하는 감정들이 텔로미어를 지켜줄 수 있기 때문이다. 블랙번은 건강심리학자 엘리사 에펠과 공동 연구를 통해 스트레스를 받는 사람의 텔로미어가 더 빨리 짧아진다는 것도 밝혀냈다. 오래오래 건강하게 살고 싶다면 매 순간 사랑하고, 행복해야 하는 이유다. 억지로라도 말이다. "텔로머레이즈가 노화를 막는다는 걸 발견했다는데, 그럼 그걸 더 체취해서 원하는 사람에게 주입하면 되지 않느냐."고 반문할지도 모르겠다. 하지만 뭐든지 인위적인 것에는 부작용이 있기 마련이다. 텔로머레이즈를 더 주입하면 세포를 덜 늙게 할 수야 있겠지만 악성세포까지 증식이 가능하게 하는 부작용을 감내해야 한다. 실제로 암세포의 텔로머레이즈는 과다 발현한다는 것도 이미 증명된 사실이다. 텔로머레이즈의 영향력을 특정할 수 있다면 얘기가 달라지겠지만 아직까지 텔로머레이즈 주입(?)의 길은 요원해 보인다.

이제 사랑이 유익한 걸 알았으니 매 순간 기뻐하고 사랑하는 일만 남았다. 하지만 말이야 쉽지 도대체 내 짝은 어딜 가야 만날 수 있냐고 되물을지 모른다. 사랑의 대상이 어디 사람뿐인가. 친구, 가족, 반려동물, 연예인, 하다못해 돌멩이 하나라도 내가 아끼고 소중히 대하면 그것이 사랑이다. 비록 사랑과 텔로미어를 엮기 위해 이 글을 쓰는 동안 내 텔로미어는 좀 짧

아졌겠지만, 여러분이 이 글을 통해 사랑을 더 열망하게 되었다면 내 텔로미어쯤이야 희생할 수 있다. 그러니 늦지 않게 시작해보자. 건강의 비밀, 사랑을!

인간의 손 안에 들어와버린 유전자 조작

×

유전공학

어렸을 때 키가 더 크고 싶은 마음에 운동장에 나가 선물로 받은 농구공을 들고 골 넣는 연습을 하곤 했다. 지금이야 내 모습에 만족하고 살지만 사춘기 땐 아담한 키가 늘 콤플렉스였다. 키 크는 수술이 있다면 당장 해야겠다며 부모님께 투정을 부려보기도 했다. 훗날 내 DNA를 바꾸지 않는 한, 그러니까 다시 태어나지 않는 한 내 키를 인위적으로 늘리기에는 아주 큰 무리가 따른다는 걸 깨닫고 한동안 참 속상했다.

앞서 DNA가 무엇이고 어떻게 복제되는지, DNA의 목적은 무엇인지를 설명했다. 이제 이 대목에서 DNA가 처음 발견되었을 때부터 현재의 유전공학으로 발전하기까지 과학자들이 얼마나 숱하게 노력해왔는지를 꼭 짚고 넘어가야겠다. 내 키가 현실에서 더 크긴 글렀지만 적어도 자식에게는 유전되지 않을 '가능성'이 열렸다는 놀라운 이야기를 전개하기 위해서라도 말이다.

처음으로 세상에 드러난 DNA

피나 정자 속에 있을 거라고 생각했던 DNA가 세상에 좀 더 과학적으로 모습을 드러낸 건 '멘델' 때였다. 오스트리아의 유전학자 그레고어 멘델은 1865년 그의 논문에서 "유전은 일정한 법칙을 따르고 세포에서 만난 요소들의 물리적 구성과 배열에 기초한다."고 썼다. 유전자의 존재를 직감한 것이다. 1900년대 초 미국의 유전학자 토마스 모건은 멘델의 이론을 '초파리'로 재현했다. 모건은 '초파리방'이라 불리던 연구실에

❖ 왓슨과 크릭이 《네이처》에 발표한 DNA 이중나선 구조 X선 사진

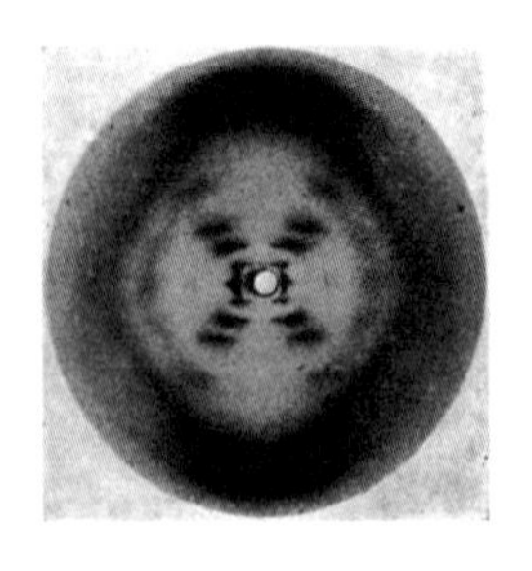

출처: wikipedia

서 초파리들과 수년간 동고동락하며 돌변변이를 연구한 끝에 '염색체에서 뭔가 일이 일어나고 있구나.'를 깨닫고 유전자 전달에서의 염색체의 기능을 밝혀내 노벨상을 받았다. 그 후 DNA가 세상에 당당히 어깨를 펴고 등장한 때는 1953년이었다. 영국에서 연구 중이던 두 젊은 생물학자 제임스 왓슨과 프랜시스 크릭이 DNA 이중나선 구조의 X선 사진을 과학 학술지 《네이처》에 발표해버린 것이다. 사실 이 사진은 영국의 화학자 로잘린드 프랭클린이 찍은 사진이었다. 다만 실험 없이 DNA 구조를 상상하고 이를 모형으로 조립해보며 DNA를 연구하던 왓슨과 크릭이 프랭클린의 DNA X선 사진을 보고 연구의 결정적 단서를 얻었던 것이다. 이들은 그 연구 공로를 인

정받아 노벨상을 수상한다.

학교에 다닐 때 '인간게놈 프로젝트'라는 말이 언론에 대대적으로 보도되었던 게 기억난다. 생명체의 모든 유전 정보를 가진 게놈을 해독해 유전자 지도를 작성하고, 유전자 배열을 분석하는 연구 작업이었다. 내 키는 도대체 어느 유전자 때문에 더 크지 못했을까? 몇 명만 뽑아서 DNA에 쓰여 있는 유전자를 분석한다는데 나도 저기에 끼고 싶다는 생각을 했던 것 같다. 인간 유전자의 지도를 밝히자는 게놈 프로젝트는 늘 더 나은 걸 원해왔던 인간에게는 당연한 수순이었다. 특히 유전자라는 존재가 세상에 드러난 이후 헌팅턴병 등 몇몇 유전병을 일으키는 유전자까지도 확인된 상황이었으니 말이다. 어디 있는지 몰랐던 우리 몸의 설계도를 찾아냈으니 이제 거기에 뭐라고 쓰여 있는지 읽어야 하는 숙제가 남아 있었던 것이다. 이 유전자라는 걸 진짜 유창하게 읽어낼 수 있다면 부모에게서 자식으로 유전되는 병, 전염병 같은 치명적인 병의 원인도 밝혀낼 수 있을지 몰랐다.

전 인류의 관심 속에 인간 유전자의 지도를 쓰자는 게놈 프로젝트는 성공적으로 끝났다. 왓슨과 크릭이 DNA의 모양을 밝힌 지 50년 만이었다. 인간 유전자 배열의 99%가 99.99%의 정확도로 확인되었다. 그러나 유창하게 읽을 수 있어도 무슨 말인지 해석이 안 되면 말짱 도루묵이 아닌가. 막상 읽고 보니 무슨 말인지 모르는 부분이 너무 많았다. 10만 개로 추정되곤 했던 단백질로 발현 가능한 인간 유전자의 수가 2만 개 정도로 예측보다 적었다는 것, 약 200개의 유전자가 박테리아 유전자와 매우 비슷한 인자를 갖고 있다는 것 등의 흥미로운 사실들이 밝혀졌지만 말이다.

과학기술의 놀라운 진화
유전자 가위의 탄생

어쨌거나 성공적으로 유전자 읽기에 성공한 과학자들은 유전자 해석에 골몰하는 동시에 유전자 쓰기에도 도전하기 시작했다. 이게 바로 '유전자 가위'다. 말 그대로 이상한 부분을 잘라낸 뒤 다시 붙이는 것에 도전한 것이다. 유전자 가위 기술은 우리 몸속에서 문제가 되는 유전자를 제거하거나 정상적인 기능을 하도록 유전자를 편집, 혹은 삽입하는 기술이다. A4용지 위에 틀리게 쓴 부분을 가위로 자른 뒤 티 안 나게 다시 붙이는 방법이라고 생각하면 이해가 쉬울 것이다. 그런 방법이 있다면 얼마나 대단하게 느껴질까. 2000년대에 처음 1세대가 등장한 이후 점점 진화한 유전자 가위는 현재 4세대까지 등장한 상태다. 이러한 발전의 과정 중 3세대 유전자 가위는 힌트를 박테리아에서 얻었다. 박테리아는 바이러스에 감염되면 바이러스 DNA의 일부 조각을 유전체 속에 저장해놓는다. 이게 크리스퍼(CRISPR) 시스템이다. 이후 외부에서 같은 DNA가 재침입하면 박테리아는 CAS9이라는 단백질이 발현되어 외부 DNA를 '절단'해서 제거한다. 즉 3세대 유전자 가위는 세균이 바이러스의 침입으로부터 자신을 방어하기 위해 만들어낸 자연 면역 시스템을 인간에게 적용한 것이었다. 2020년 노벨 생리의학상이 바로 이 3세대 유전자 가위를 개발한 과학자들에게 돌아갔다.

1950년 DNA의 이중나선 구조를 처음 본 인간이 유전자를 마음대로 조작할 수 있는 기술을 손에 넣을 때까지 걸린 시간은 단 60여 년이었다. 이어서 3세대 유전자 가위가 DNA 이중가닥을 모두 절단하고 나서 세포를 붙였다면, 최근에 나온 4세대 유전자 가위 '프라임 에디팅'은 DNA 단일가닥을 절단해 원하는 염기서열을 DNA에 직접 삽입한다. 이 방법으로는 현존하는 유전 질환의 거의 90%까지 치료가 가능하다고 한다.

그러나 2015년, 문제가 터졌다. 중국의 과학자 허젠쿠이가 에이즈에 걸린 아버지와 정상인 어머니 사이에 태어난 두 쌍둥이 '배아'를 대상으로 에이즈 유발 유전자를 잘라내는 시술을 한 것이다. 배아 단계에서부터 유전자가 조작되어 아이가 태어난 초유의 사건이었다. 기술의 질주에 스스로 놀란 과학자들은 아무리 연구용이라 하더라도 절대 '생식세포'나 '초기 배아'에는 이 기술을 사용하지 말자고 스스로 브레이크를 걸었다. 미국 국립보건원도 인간 배아 대상 유전체 편집 연구는 '선을 넘은 것'이라면서 연구비를 지원하지 않겠다고 발표했다. 결국 중국 과학자 허젠쿠이는 학계의 엄청난 비난을 받은 데 이어 징역형을 살게 되었다. 허젠쿠이가 연 판도라의 상자는 쉽게 닫힐 수 있을까.

유전자 가위를 통해 인간은 코로나19 같은 전염병을 없애거나 불치병 치료, 심지어 병에 걸리지 않는 닭, 조류, 소 등을 만들어낼 수 있다. 이미 현재 가장 주목받고 있는 유전자 가위 크리스퍼로는 병충해에 시달리지 않는 상추 같은 것을 만들어내고 있다. 이러한 신기술이 어찌할 수 없는 안타까운 질병들을 치료해주거나 우리의 삶을 조금 더 편리하게 이끌어준다면 감사할 일일지 모른다. 그러나 뻔한 얘기지만 좋은 게 있으면 안 좋은 점도 있다. 일단 신기술이라 어떤 부작용이 올지 아무도 모르고, 설사 이것이 완벽한 기술이라 해도 사회적으로 극단적인 양극화를 낳을 수도 있다. 먼 훗날에는 '너 어느 집 사니?' '아빠 직업이 뭐니?'가 아닌, '넌 유전자 시술을 했니?'라는 질문이 우리 사회의 한구석에 자리 잡을지 모른다.

나다운 게 제일 행복한 것

삶의 신비는 내가 내 모습을 결정지을 수 없다는 데 있다. 태어나 보니 '나'인 건 어쩌면 인간의 숙명이다. 머리 색깔, 길이, 입는 옷 등은 내가 정할 수 있어도 '나'라는 사람 자체는 바꿀 수 없다. 우리를 낳은 부모님조차도 우리의 모습을 결정지을 수 없다. 그냥 낳아 보니 그렇게 생긴 것이다. 작은 키가 불만일 수는 있겠지만 '나'라는 존재를 내가 결정지을 수 없다는 건 우리의 존재를 더 경이롭고 신성하게 만든다.

다시 태어난다면 키가 더 크고 싶어. 똑똑해지고 싶어. 더 건강하고 싶어. 장난처럼 던지던 우리의 농담들이 어쩌면 현실이 될 수 있는 시대가 왔다. 신이 있다면 유전자를 자르고 이어 붙일 수 있는 유전자 가위는 '신'에 도전하는 기술일까? 신의 영역에 도전하는 인류는 과연 행복할까?

이집트 속담에 이런 말이 있다. "아름다운 것은 절대 완벽하지 않다." 인간은, 우리 모두는 완벽하지 않다. 완벽하지 않다고 아름답지 않은 건 아니다. 나답게 사는 게 가장 행복하고 아름다운 일이다. 유전자 가위 기술을 손에 쥔 인간이 그 평범한 행복을 언제까지나 지킬 수 있기를 바란다.

진화의 비밀, 모든 생명이 아름다운 이유

×

진화론

어쩌면 운명이었을지 모른다. 22살 어린 소년이 영국 군함에 오른 건 말이다. 위대한 발견은 늘 사소한 우연에서 시작하지만 우연을 필연으로 만드는 건 또 다른 이야기다. 우연과 필연의 절묘한 조화가 빚어낸 무언가를 종종 우리는 '운명'이라 하는 듯하다. 19세기, 그 운명의 주인공은 찰스 다윈이었다. 의사도 싫고 성직자도 싫었던 그가 택한 곳은 해양 탐사선 비글호였다. 1831년 배에 탄 그는 1836년까지 뱃사람으로 세계

❖ 갈라파고스 제도

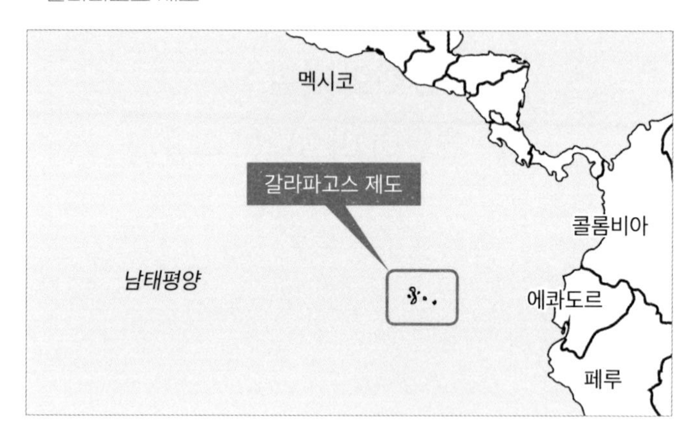

를 돌았다. 그가 갈라파고스에 닿을 수 있었던 것도 그 때문이었다.

갈라파고스에서 찾은 진화론

갈라파고스 제도는 남아메리카 해안에서 1천km 떨어진 태평양에 있는 에콰도르령 제도다. 19개 섬들의 군락으로 이루어져 있다. 이 섬들은 각각 화산 폭발로 생겨났는데, 각 섬마다 제각기 다른 종의 생물들이 살고 있다는 특징이 있었다. 예를 들면 갈라파고스 제도의 지빠귀앵무새 3종은 섬에서 섬으로 자유롭게 날아다닐 수 있음에도 불구하고 서로 다른 섬에서 각기 다른 종으로 살고 있다. 다윈은 이곳에서 13종의 핀치새도 만났다. 곤충식을 하는 핀치는 부리가 날카롭고, 초식성인 큰선인장핀치 같은 종은 부리가 뭉툭했다. 그러니까 언젠가 아메리카 대륙에서 우연히 갈라파고스로 날아왔을 핀치들은 각자의 섬에서 각자의 먹잇감에 따라 각자의 자리를 지키며, 하나의 종에서 여러 개의 다양한 종으로 쪼개지며 진화한 것이다. 그는 이 사실을 진화가 아닌, '독립적 창조'라는 당대의 보통의 시각으로는 설명할 수 없다고 생각했다.

빅토리아 시대 영국은 보수 그 자체였다. 인간은 신이 창조한 특별한 존재라는 종교적 믿음이 사회를 움직이던 때였다. 어디 영국뿐이었을까. 로마 교황청이 다윈의 '진화론'을 '가설 이상의 사실'로 인정한 것이 1986년이니, 한 세기나 뒤처졌던 당시의 분위기는 짐작 가능하다. 다윈이 『종의 기원』을 펴낸 해는 그가 배에서 내린 지 23년이 지난 1859년이었다. 그는 자신의 책이 출판된다면 얼마나 큰 반향을 일으킬지 미리 알고 있었다. 그는 실제로 『종의 기원』에 이렇게 적었다.

1837년 본국에 돌아왔을 때 아마 이 문제에 조금이라도 관계가 있는 모든 사실을 꾸준히 모으고 또 고찰한다면 이 문제에 관하여 어떤 무엇이 이루어질 수 있으리라는 생각이 내 머리에 떠올랐다. 나는 1844년 결론의 개요를 만들었는데 당시 이 결론을 나는 확실한 것이라고 생각했던 것이다. 그 후부터 지금까지 계속해서 이 문제를 추구해왔다. 내가 이와 같이 사적인 일을 말하는 것은 내가 결론에 도달하기 위해 성급히 굴지 않았다는 것을 이 사실들이 나타내 주기를 바라기 때문인 것이므로 양해해달라. 나의 연구는 1859년 거의 다 끝났다.

그가 20년이라는 시간을 강조해야만 했던 또 다른 이유가 있었다. 사실 '자연선택에 의한 진화'라는 개념을 가장 먼저 논문으로 작성한 사람은 영국의 박물학자 월리스였다. 월리스는 말레이 제도에서 8년간 포유류부터 딱정벌레류까지 12만 5,660점의 동물 표본을 채집했고, 1862년 확신을 가지고 영국으로 돌아왔던 인물이다. 그는 종의 기원에 얽힌 수수께끼를 풀자마자 자신의 논문을 다윈에게 보냈다. 망설이고 있던 다윈은 월리스의 편지를 받자마자 자신이 쓴 에세이의 요약본과 월리스의 논문을 1858년 학회에 발표한다. 그러고는 자신의 이름을 앞에 적었다. 이에 대해 월리스가 아무 말도 하지 않은 걸 보면 월리스와 다윈은 사이가 좋았던 듯싶다. 월리스의 책『말레이 제도』앞에는 '이 책을 다윈에게 헌정한다.'라는 말도 적혀 있다.

사실 다윈의 진화론에 힌트를 준 건 갈라파고스뿐만이 아니었다. 그는 맬서스의『인구론』에서도 영감을 얻었다. 맬서스는 익명으로 출판한『인구론』을 통해 "인구는 기하급수적으로 늘 것이고, 지금처럼 인구가 늘어나면 식량을 아무리 증산해도 늘어나는 인구를 당해내지 못한다."고 했다. 다윈은 '생존경쟁'이 인간만의 일이 아님에 주목했다. 풀 한 포기, 꽃 한 송이도 생존경쟁을 통해 살아남아야 한다는 것이었다. 그는 생물이 '변이'를 통해 생존 기회를 높이고, 나아가 유리한 변이는 보존되고 불리한 변이는 소멸되는 '자연선택'의 결과로 진화가 거듭되어왔다는 결론에 이르렀다.

자연을 관찰하고『인구론』도 읽었지만 이에 만족하지 않고 그는 '집비둘기'도 연구했다. 사서 기르고, 누구에게 받아서 기르고, 심지어 박제된 걸 선물로 받기도 했다. '런던 비둘기 애호가 클럽'에도 가입했다. 그는 비둘기란 비둘기는 다 모았다.

같은 비둘기여도 품종들 사이의 차이는 매우 컸다. 그는 인간이 비둘기를 키우기 쉬운 쪽으로 혹은 도움이 되는 쪽으로 개량해온 '인위선택'의 힘에 이 변화의 답이 있다고 생각했다.

우리 곁의 모든 살아 있는 존재는 아름답고 위대하다

다시 자연으로 돌아와보자. 겨울에도 시들지 않는 겨우살이는 땅에 뿌리를 내리는 대신 참나무 같은 기주식물의 가지에 붙어산다. 겨우살이가 너무 많이 붙으면 나무는 죽는다. 그들은 나무들과 생존경쟁을 하는 셈이다. 겨우살이와의 생존경쟁에서 진 나무는 서서히 썩지만 곧 부생생물들과 곤충들의 서식지가 된다. 한편 겨우살이는 배고픈 새들에게 아주 좋은 먹잇감이 되기도 한다.

자연은 나약한 인간의 힘이 통하지 않는 곳이다. 인간은 우리의 이익을 위한 선택을 해왔지만 자연은 모든 생명을 위한 선택을 해왔다. 그것도 인간이 존재하기 훨씬 이전부터. 번식을 동반한 성장과 대물림, 변이, 생존 투쟁, 자연선택의 결과로 나타난 생존 그리고 멸절. 이것이 우리 모두의 공통 분모다. 그리고 이것은 단순히 누가 누구를 밟고 일어서는 악한 그림이 아니라 크게 보면 결국 지구를 아름다운 생태계로 일궈낸 자연의 섭리다. 그 통찰력을 제공했기에 다윈의 『종의 기원』이 아직까지도 위대한 고전으로 평가받는 게 아닐까. 다윈은 『종의 기원』 말미에 이렇게 적었다.

> 자연과의 투쟁에서, 기아와 죽음 속에서 가장 아름답고 가장 놀라운 무한한 형태가 생겨났고 진화되고 있다는 견해에는 장엄함이 깃들어 있다.

우리 곁의 모든 살아 있는 존재는 아름답고 위대하다. 오늘 여러분이 마주친 사람들은 물론이고 풀 한 포기, 나무 한 그루까지 말이다.

"자연은 도약하지 않는다." 다윈은 말했다. 우리가 사는 100년이라는 시간의 길이조차 가늠할 수 없는 게 인간이다. 지구상 모든 생물은 지금 이 순간에도 서서히 진화하고 있다. 인간은 지금 그 장고한 생명의 역사 속 어디 즈음에 와 있을까. 다윈은 현존하는 종 가운데 멀고 먼 미래까지 자손을 전하는 종은 극히 소수일 것이라고 말했다. 우리가 어디에 와 있든 아름답고 위대한 '나'와, 그러한 나를 둘러싼 모든 생명을 소중히 보듬어야 하는 이유다. 지구에서 숨 쉬고 있는 모두는 언젠가 우리를 기억해줄 세대가 사라지면 먼지처럼 사라지고 말 한없이 약한 존재이지만 동시에 장엄한 역사의 아름다운 한 시절이니 말이다. 때론 부족하고 미숙한 것이 인간이다. 진화론을 알고 나면 이해할 수 있는 일이다. 그러나 사람은 '선택할 수 있다'는 큰 힘을 가졌다. 부디 인간이 선택해 나아가려는 방향이 자연에게 이익이 되는 쪽이길 바란다. 우리가 오랜 시간 잊히지 않도록.

나는 30억 년
노하우가 쌓인 존재

×

미생물학

우리 몸속에 존재하는 미생물의 수는 39조 개에 달한다. 당장 우리의 피부를 현미경으로 들여다보면 우리 몸의 분비물과 죽은 피부를 먹고 사는 미생물들이 어마어마하게 바글거리고 있을 것이다.

손 하나에 서식하는 미생물은 150종에 달한다고 한다. 또 구강 점액 속에는 1천여 종이 넘는 미생물이 있으며, 미생물의 고향이라 하는 장 속 미생물들은 전부 모아 저울에 달았을 때

1~3kg에 이르는 무게가 나올 정도라고 한다. 이쯤 되면 그 수가 얼마나 많다는 것인지 감이 오는가?

그러나 이게 끝이 아니다. 우리 몸은 엄청나게 많은 세포의 집합이다. 이 세포들 속에는 '미토콘드리아'라는 소기관이 있다. 미토콘드리아는 '세포호흡'을 통해 ATP(Anosine Triphosphate의 약자로, 모든 생명체 내에 존재하는 유기화합물)를 만들어낸다. 이렇게 만들어진 ATP 화학 에너지는 우리가 생각하고, 체온을 유지하고, 말하는 데 쓰인다. 그저 밥을 먹으면 힘이 나고 잠을 충분히 자면 가뿐히 하루를 시작하는 게 아니라 미토콘드리아의 세포호흡 과정 덕에 우리는 지금도 힘을 낼 수 있는 것이다.

미토콘드리아의 기원에 대한 가설 중에는 '내부공생설'이라는 것도 있다. 이는 미토콘드리아가 세포 내에서 우리 몸과 공생하기 전의 먼 옛날, 이것이 원래는 박테리아의 한 종류였는데 어쩌다가 다른 숙주에게 통째로 잡아먹힌 후 아예 그 숙주 안에 터를 잡아 그대로 진화했다는 설이다. 이러니 미생물을 제외하고는 인간을 논하기가 힘들다는 말도 과장은 아닌 듯싶다.

눈으로는 볼 수 없는 작은 생물, 미생물

미생물은 영어로는 'Microbe'라 불린다. 고대 그리스어로 '작은'이라는 뜻과 '생명'이라는 뜻이 합해져서 만들어졌다. 한자어로는 '작을 미(微)'자를 써서 미생물이라고 부른다. 말 그대로 작은 생명들이다. 인류가 미생물의 존재를 알게 된 건 1673년 네덜란드 과학자 안토니 레벤후크가 발명한 현미경 덕분이다. 고대부터 지금까지 인간의 흥망성쇠를 다 봐왔을 이 작은 생명들은 17세기, 마침내 그 모습을 드러냈다. 그냥 투명한 줄로만 알았던 물 속에서 꿈틀거리고 있던 수많은 생명체를 처음 본 이 당시의 인간들은 무척이나 놀랐었다고 한다.

우리에게 미물 취급을 당하는 미생물이지만 이들은 생명의 특성을 모두 갖췄다. 우선 자란다. 대사를 거친다. 움직인다. 번식도 한다. 외부 자극에도 반응한다. 그리고 진화한다. 20만 년 전 출연했다고 알려진 현생 인류와 달리 미생물은 35억 년 전 그린란드에 있는 이수아 그린스톤 벨트의 '스트로마톨라이트' 화석에도 그 흔적을 남겼다. 세계적인 미생물 연구자 존 잉그럼은 그의 저서 『미생물에 관한 거의 모든 것』에서 미생물은 우리의 조상이자 창조주이고 수호자라면서, 미생물이 지내온 세월의 길이가 1km라고 하면 그중 겨우 1cm 정도, 혹은 그들의 하루 중 고작 2.5초를 함께한 게 인간이라고 했다.

그 수만큼 방대하고 놀라운 미생물의 가치

현미경의 발견으로 이제껏 보지 못하던 걸 새로 발견했다는 놀라움도 잠시다. 늘 저 광활한 우주를 바라보고, 항상 더 큰 것과 화려한 것을 좇으며, 무엇보다 먹고사는 일에 치이는 현대 인간에게, 눈에 보이지도 않는 미생물이 얼마나 중요한지에 대해 생각해본다는 건 쉽지만은 않은 일이다. 하지만 흙 한 숟가락에 들어 있는 토양 미생물의 수는 전 세계 인구보다 많다. 바닷물을 티스푼으로 뜨면 그 안에는 5백만 마리의 박테리아가 있다고도 한다. 그 중에서도 바닷물 1L에 1억 개씩 들어 있다는 '프로클로로코커스'라는 작은 박테리아를 다 더하면 그것은 전체 인간보다 2배 이상 무겁고 표면적은 지구의 100배에 달할 정도가 된다고 한다. 이 박테리아는 8만 개에 달하는 유전자와 태양에너지, 이산화탄소, 무기 화합물만을 활용해 바닷속 엽록소의 절반을 만들어낸다.

아무리 유능한 젊은이라도 오래 산 사람의 연륜을 무시하지는 못할 때가 있다. 미생물에게 이 연륜이라 함은 바로 생명력이다. 미생물은 인간이 살 수 없는 곳에서도 살아갈 수 있다. 원자로 폭발 사고가 발생했던 우크라이나의 체르노빌에서도 살아남은 미생물이 있는데 이 미생물은 심지어 우주에서도 버틴다고 한다.

지구를 우리가 살 수 있는 환경으로 만든 것도 미생물이다. 지구 생명체의 주 구성 성분이며 지구 대기의 78%를 차지하고 있는 질소는 미생물 덕에 반응성이 높은 다른 질소 화합물로 바뀐다. 생명 유지에 필요한 단백질, DNA 등의 핵산은 질소 원자를 포함하고 있고, 질소는 또한 우리 몸의 구성 원소이기도 하다. 포식 활동을 하지 못하는 대부분의 식물은 미생물이 흙 속의 질소에서 식물에게 도움이 되도록 바꿔준 질소를 활용해 생장한다. 아주 오래 전부터 유기물과 무기물 사이에서 생산, 소비, 분해의 선순환을 완성해온 미생물 덕에 지구의 생명은 돌고 또 돌아왔던 것이다.

미생물이 인체에 미치는 영향

다시 인간의 얘기로 돌아와보자. 마이크로바이옴(Microbiome, Microbiota와 Genome이 합쳐져 만들어진 합성어로 모든 환경에서 서식하거나 공존하는 미생물 군집)이 인체에 영향을 미친다는 건 2006년 미국 워싱턴대학교 제프리 고든 박사의 실험으로 알려졌다. 비만 쥐와 마른 쥐의 분변을 무균 쥐에 주입했더니 비만 쥐의 분변을 주입받은 무균 쥐는 빨리 뚱뚱해졌고, 마른 쥐의 분변을 주입받은 쥐는 상대적으로 멀쩡했던 것이다. 인간도 마찬가지였다. 건강한 어린이와 미성숙한 어린이의 균을 각각 무균 쥐에 이식했더니 쥐들 역시 각자 균을 받았던 어린이와 비슷하게 자라났다. 결국 장 내 미생물의 차이로밖에 설명할 수 없는 일이 일어난 것이었다.

우리 몸속의 많은 미생물이 다 우리 몸에 좋기를 기대하는 건 무리다. 장 내 세균인 '클로스트리디움 디피실'은 면역력이 떨어졌을 때 위막성 대장염을 일으키는 유해균이다. 반면 유익균은 우리 스스로 소화하기 어려운 다당류를 분해해서 에너지로 만들어주거나 외부에서 유입된 병원균을 막아낸다. 노

❖ 비피도박테리아, 장구균, 대장균 등 인간 장 속의 다양한 미생물들

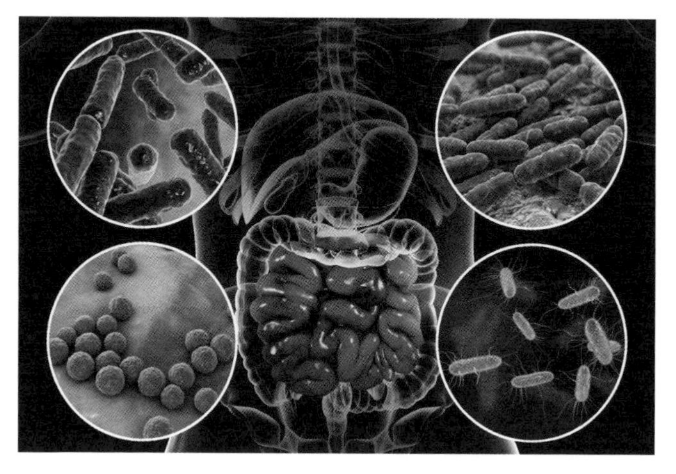

출처: Shutterstock

화를 막아주는 균들도 있고 심지어 우리의 감정에 귀를 기울이는 미생물들도 있다. 대장균이라고 다 나쁜 것도 아니다. 유익한 대장균에게서 알츠하이머를 치료할 단서를 찾기도 했고, 장내 미생물이 많은 사람에겐 '행복 호르몬'이라 불리는 세로토닌이 많이 분비된다는 연구 결과도 있으니 말이다. 조금만 신경 쓰지 않고 두면 어김없이 음식 위에 피어나는 곰팡이부터, 위암을 일으킨다는 헬리코박터균, 몸을 아프게 하는 세균들 등 '미생물' 하면 왠지 유해한 느낌이 들기 쉽지만 사실 미생

물은 오랜 삶의 지혜를 가지고 우리 몸속에서 진화를 진두지휘해온 존재다.

미생물로 느끼는 내 존재의 소중함

살다 보면 종종 자존감이 떨어질 때가 있다. 누구에게나 있는 순간들이다. 그럴 땐 자존감을 올려주는 책을 꺼내 보거나 유명인들의 강연을 보곤 하지만 효과는 잠깐뿐이다. 이렇게 이따금 내가 한없이 작아 보일 때 미생물을 생각해보면 어떨까? 우리 존재가 몇억 분의 1의 경쟁률을 뚫고 아빠의 정자와 엄마의 난자가 만나 태어났기에 소중하다는 뻔한 얘기 대신 말이다.

우리에게 살아 있다는 건 어떤 의미일까? 100조 개의 미생물의 집합체인 우리 모두는 30억 년의 노하우가 자연스레 쌓인 생명들이다. 과학은 '츤데레'다. '너는 소중해.' 하고 쉽게 말해주지 않는다. 그러나 과학은 우리가 소중하다는 증거들을 도처에 던져놓았다. 우리는 길어야 100년을 살겠지만 내 몸속의 미생물들은 30억 년의 역사를 고스란히 안고 내 몸에 존재한다. 자그마치 30억 년. 가늠도 되지 않는다. 우리는 고대의 유물을 보러 박물관에 가서 경이로움에 빠지기도 하지만 정작 30억 년 진화의 산물인 우리 존재의 경이로움은 쉬이 되돌아보지 못한다. 그러니 오늘에서라도 느껴보는 건 어떨까. 내 몸은 30억 년의 역사가 담긴 소중한 박물관 그 자체이자 내가 늘 건강하도록 쉬지 않고 움직여주는 작은 생물들의 바다라는 것을.

우리 몸 안에는 작은 우주가 있다

×

뇌신경과학

윤동주 시인은 그의 시 「별 헤는 밤」에서 별을 셀 때마다 떠오르는 기억들을 읊었다. 별 하나에 어린 시절, 벗들의 이름, 비둘기, 강아지, 시인들의 이름을 부르고 마침내 그는 어머니의 이름도 밤하늘에 꺼내놓았다. 수십억 광년 떨어진 별에서 억겁의 시간을 날아 지구에 도착한 희미한 별빛은 전파망원경의 미세한 떨림을 통해 우리 앞에 자신의 모습을 꺼내놓는다. 우리의 머릿속도 그렇다. 시도 때도 없이 도처에서 날아오는 기억의 별빛들은 매 순간 머릿속에서 서로 다른 밝기로 깜빡인다. 윤동주 시인이 「별 헤는 밤」에서 꺼내놓은 기억들도 그의 머릿속에 있는 작은 '우주'인 뇌가 보낸 신호였던 것이다.

신비로운 기억의 원리

기억이 '심장'에서 온다고 믿던 때가 있었다. 과학자들의 오랜 노력 끝에 우리는 이제 생각이 '뇌'에서 온다는 걸 안다. 뇌는 도대체 어떻게 우리 인생의 축소판인 기억을 곱게 접어두고 매번 다른 기억의 별빛들을 쏘아대는 것일까. 기억을 잃은 사람을 살펴보면 힌트를 얻어볼 수 있다. 크리스토퍼 놀란 감독의 영화 〈메멘토〉에는 기억상실증에 걸린 한 남자가 나온다. 이 영화는 실존 인물을 모티브로 만들었는데 미국 코네티컷에 살던 1926년생 '환자 H.M' 이 그 주인공이다. 그는 뇌전증(간질) 환자였다. 잦은 발작에 일상생활을 힘들어하는 그에게 의사는 수술을 권했다. '해마'를 포함한 측두엽의 일부를 절제하는 수술이었다. 해마를 제거한 후 그의 경련은 눈에 띄게 줄었

❖ 우리 뇌 속의 해마 그림

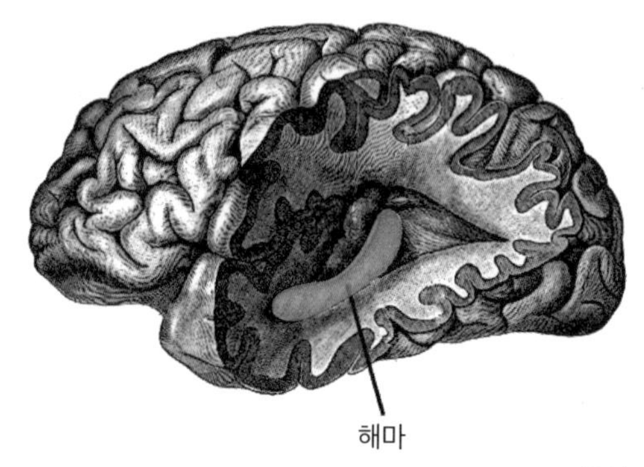

출처: wikipedia

다. 대신 부작용이 왔다. 새로운 기억을 만드는 데 문제가 생기는 부작용이었다. 그는 어제는커녕 30초 전에 있었던 일조차도 기억하지 못하는 상태가 되어버린 것이다.

뇌에는 1천억 개의 신경세포가 존재한다. 각각의 신경세포는 다른 신경세포와 1천 개에서 최대 1만 개의 '시냅스'로 연결된다. 뇌는 약 10^{16}개의 시냅스가 얽히고설킨 거미줄 같은 공간인 것이다. 우주에 있는 수많은 별과 비교했을 때 전혀 뒤처지지 않는 숫자다.

1900년대 스페인 과학자 산티아고 라몬 이 카할 교수는 뉴런은 각각 떨어져 있고 이들을 연결하는 시냅스가 한 세포에서 다른 세포로 신경 자극을 전달한다는 것을 증명했다(참고로 그 이전에 이탈리아의 해부학자 카밀로 골지는 모든 신경이 하나의 거대한 그물로 연결되어 있다는 '망상 이론'을 주장했다. 카할은 골지의 주장과는 달리 각각의 신경세포가 떨어져 있다고 보았다). 기억에서 시냅스가 더 중요하다고 본 또 다른 과학자는 1950년대 캐나다의 신경심리학자 도널드 헵이었다. 그는 시냅스로 연결된 두 뉴런이 계속해서 의사소통을 하면(지속적으로 또는 동시에 활성화되면) 이 두 뉴런 사이의 연결 강도는 강화된다고 봤다. 이를 '시냅스 가소성'이라고 한다. 쉽게 말해 시냅스가 활성화되는 것을 정보 저장의 원리로 본 셈이다. 2000년대에는 미국의 신경생리학자인 에릭 캔들이 바다 달팽이인 '군소'를 관찰해 화학적 신호가 시냅스를 더 발전시킨다는 걸 증명했다. 그리고 반복적으로 군소의 시냅스를 자극한 결과 뉴런 내의 특정 단백질이 활성화되어 뉴런 세포 자체가 해부학적으로 변화된다는 것도 알아냈다.

RNA에 기억이 저장된다는 의견도 있다. 2018년, 미국 UCLA 데이비드 글랜즈먼 박사 연구팀는 군소의 꼬리에 전기 충격을 줘 군소에게 반사 작용을 반복적으로 학습시켰다. 그러자 충격을 경험하지 못한 군소는 평균 1초간 꼬리를 수축하는 데 반해 충격이 학습된 군소들은 평균 50초 동안 꼬리를 수축했다. 이어서 이 군소의 뇌에서 RNA를 추출해 자극을 받은 경험이 없는 다른 군소의 신경세포에 주입했더니 놀라운 결과가 나타났다. 경험이 없는 군소들이 평균 40초 동안 방어적 수축을 했기 때문이다. 글랜즈먼 박사는 이 같은 실험을 토대로 기억이 시냅스가 아닌 '뉴런의 핵'에 저장된다는 주장을 내놓았다.

기억이 시냅스의 산물인지 혹은 RNA의 산물인지는 정확히 밝혀지지 않았지만 어느 쪽이든 1천억 개의 신경세포를 가진 우리의 뇌 덕에 인간은 인생이 주는 소중한 선물 '기억'을 누리고 살아가는 것이다.

그렇다면 뇌 속의 새끼손가락만 한 크기의 작은 부위인 '해마'는 어떤 역할을 할까? 일상에서 숱하게 누군가를 만나며 살아가는 우리는 인생의 각 시점에서 그냥 스치고 말 인연과 오랜 시간 내 곁에 두고 볼 인연을 만들며 살아간다. 해마도 마찬가지다. 뇌에 들어온 정보를 오랜 기간 '기억할지', 아니면 '잠깐 기억하고 말지'를 결정하는 데 해마가 중요한 역할을 하는 것이다. 오랜 시간 내 곁에 두고 볼 인연은 혼자 결정할 수 없다. 단기기억을 저장해둔 해마는 주로 수면 중에 이 기억들을 '신피질'로 보낸다. 저장할지 삭제할지를 신피질과의 상호작용을 통해 결정하는 것이다. 우주에서는 수많은 먼지와 가스 덩어리들이 뭉쳐 별이 된다. 우리 뇌 속에서도 이런 식으로 추리고 추린 장기기억들이 모여 '추억'이라는 별이 만들어지고 있다.

기억이 주는 힘

기억은 우리를 살게 하는 원동력이다. 심지어는 잊고 싶은 기억들조차도 말이다. 어제 내가 무엇을 했고 누구를 만났는지, 무엇을 얻었고 무엇을 잃었는지에 대한 촘촘한 기억이 쌓이고 서로 합해져 우리의 인생이 된다. 애플의 창업자 스티브 잡스는 '작은 점들이 모여 하나의 선이 된다.'고 했다. 기억은 경험이 되고 경험은 다시 우리 삶의 밑거름이 된다. 가끔 우리는 기억을 귀찮게 여기기도 한다. 힘든 일을 겪었을 땐 기억을 모조리 없애버리고 싶다며 방황할 때도 있다. 그러나 대부분의 기억은 무한하지 않다. 아껴줘야 할 것들이다.

우리가 바라든 바라지 않든 나이가 들면 우리는 기억을 잃을 확률이 높아진다. 대표적인 게 알츠하이머다. 알츠하이머는 해마를 점진적으로 위축시켜 최근의 기억부터 장기 기억까지 잃게 한다. 생활 속에서 받는 스트레스도 문제다. 스트레스 호르몬인 코르티솔은 해마에 손상을 준다. 과음도 해마를 방해한다. 흔히 필름이 끊겼다고 할 때의 기억 상실은 결국 알콜의 독소가 기억을 입력하는 해마의 작용을 방해해서 생긴 현상이기 때문이다. 알콜은 해마의 신경세포가 활성화되지 못하도록 억제한다.

에릭 캔델 교수는 우리가 우리인 것은 우리가 배우고 기억하는 것들 때문이라고 했다. 신비로운 것을 찾아 우주로 나아가는 대신 우리 몸속을 파고드는 것도 충분히 의미 있는 이유다. 셀 수 없을 정도로 얽혀 있는 신경세포의 연결, 그리고 그 속에 해마라는 기억의 별 제작소. 결국 기억의 한 조각에서 시작하는 모든 것이 우주의 먼지에 불과한 인간에게 우주로 나아가고 있는 힘을 주고 있는지도 모르겠다. 우리의 모든 기억은 축복이다.

남들 잘 땐 자야 하는 과학적인 이유

×

인체생리학

대학에 다닐 때 벼락치기로 밤을 새워 공부를 하다가 시험을 완전 망친 적이 있다. 분명 공부는 다 끝내고 잤는데 막상 답안지를 받아 드니 머릿속이 그야말로 백지가 되는 신기한 경험이었다. 방송국에서 매일 생방송을 하던 때도 그랬다. 전날 늦게까지 친구들과 놀다가 새벽 출근을 했는데 잠을 못 자니 말이 꼬여 방송을 망친 것이다. 그 후로 나는 중요한 일을 앞두고는 꼭 9시간은 챙겨 자려고 노력한다. 잠을 충분히 자고 못 잤을 때의 차이가 얼마나 큰지는 독자 여러분도 이미 잘 알고 있으리라 생각한다.

잠을 못 잘 때
우리 몸에서 벌어지는 일들

국제암학회(IARC)는 '생체시계를 교란시키는 교대 근무'를 '2급 발암물질'로 규정했다. 생체리듬이 깨지고 수면 주기가 교란되면 유방암을 비롯한 다른 질병의 위험이 높아진다는 것이다. 이는 쥐 실험에서도 증명되었다. 야간에 빛에 노출된 쥐의 종양은 빠르게 자라났다. 비밀은 멜라토닌에 있었다. 멜라토닌은 수면을 유도하는 호르몬으로, 노화의 주범이라고 알려져 있는 활성산소를 우리 몸에서 제거한다. 이러한 멜라토닌은 햇빛에 노출되면 생기는데, 그렇게 낮 동안 생긴 멜라토닌은 몸속에 보관되어 있다가 밤에 분비된다. 멜라토닌은 우리에게 밤을 알려주는 호르몬인 셈이다. 야간에 빛에 노출된 쥐들의 종양이 빠르게 자라난 이유도 바로 멜라토닌 분비가 억제되었기 때문이다. 밤에 늦게 자고 일어나면 유난히 피곤하고 예민해지며, 얼굴도 푸석해지는 건 우리 몸이 우리에게 보낸 경고 메시지였던 셈이다.

그렇다면 우리 몸에는 진짜 생체시계가 있을까? 결론부터 말하자면 '있다'. 정말 시계가 어딘가에 박혀 있는 건 아니다. 정확히는 '생체시계 유전자'가 있다고 표현하는 게 맞겠다. 돌연변이가 아닌 한 우리 모두는 이걸 갖고 태어난다. 인간뿐만이 아니다. 대부분의 생명체가 이걸 갖고 태어난다.

생체시계의 발견

시작은 식물 미모사였다. 프랑스 천문학자 장 자크 드 메랑은 지금으로부터 무려 300여 년 전, 미모사 잎이 낮 동안엔 피어나고 밤에는 닫힌다는 사실을 관찰한다. 그는 햇빛의 영향이 있나 알아보기 위해 미모사를 햇빛이 없는 공간에 둬보았으나 미모사는 햇빛과 상관없이 낮에는 피어나고 밤에는 닫혔다. 처음에는 드 메랑도 생체시계라고 생각을 못 했다고 전해진다. 그저 미모사가 '햇빛을 감지하는 능력이 있다'고만 생각했다고 한다.

다음은 초파리였다. 1971년 미국의 과학자 시모어 벤저와 그의 제자 로널드 코노프카는 초파리를 연구하고 있었다. 그들은 초파리 유충의 변태가 하루 중 일정 시간, 해 뜰 무렵에 일어난다는 사실을 알게 된다. 그들은 '일주기성 리듬을 지배하는 생체시계 유전자가 있다'는 가설을 만들고 초파리에게 돌연변이를 일으킨 끝에 생체시계가 교란된 돌연변이 초파리를 발견한다. 그리고 '돌연변이 초파리가 시간 구분을 하지 못하게 하는 유전자'에 '피리어드'라는 이름을 붙였다. 당시만 해도 학계의 분위기는 동물들의 행동이 단일 유전자 돌연변이에 의해 영향을 받기엔 너무 복잡하다는 쪽으로 기울어 있었다.

정체 모를 피리어드의 의문은 1984년 미국 과학자 제프리 홀, 마이클 로스배시, 마이클 영 교수가 초파리에게서 일주기 리듬을 조절하는 유전자를 분리하면서 풀렸다. 그들은 밤에 활성화되는 피리어드 유전자에 의해 밤에는 PER 단백질이 만들어지고 낮에는 그것이 분해된다는 사실을 밝혔다. PER 단백질의 농도가 짙어지고 옅어지는 주기가 정확히 24시간, 하루의 움직임을 따르고 있었던 것이다. 이들은 초파리의 피리어드 유전자를 밝혀낸 공로로 2017년 노벨생리의학상을 수상했다.

이러한 생체시계는 인간에게도 그대로 적용된다. 인간의 생체시계는 뇌 시상하부의 '시교차상핵'에 위치한다. 시신경이 교차해 뇌로 들어가는 길목이다. 여기에 위치해 있는 1만 개 정도의 신경세포가 시계의 역할을 하는 것이다. 흥미로운 건 간과 신장 등의 장기에도 각자의 생체시계가 있다는 점이다. 시교차상핵의 신경세포들은 뇌에서 각종 말초기관과 세포, 조직에 퍼져 있는 각각의 생체시계에 시간을 알려주고 이들을 동기화하는 역할을 한다. 자다가 아침에 눈이 벌떡 떠진다면 뇌 속의 정교한 생체시계들이 울려준 알람 덕분이라고 생각하시면 된다.

아침형 인간? 저녁형 인간?

여기서 한 가지 의문이 생긴다. 아침에 일어나는 걸 유독 힘들어하고 밤에 쌩쌩해지는 저녁형 인간이 있는가 하면, 오히려 새벽에 일찍 일어나는 것보다 밤에 늦게 깨어 있는 게 더 힘들다는 아침형 인간이 있다. 그럼 저녁형 인간은 암이나 질병에 더 많이 노출되는 걸까, 아니면 생체시계가 작동하지 않는 돌연변이인 걸까? 사실 아침형 인간과 저녁형 인간은 과학적이라기보다 사회적인 말에 가깝다. 9~18시는 '일하는 시간'이라는 사회적 관습상 이런 패턴으로 사는 사람이 아침형 인간이 될 확률이 높기 때문이다. 아마도 저녁형 인간이 건강이 더 안 좋다는 통계는 단지 수면 시간의 차이뿐 아니라 음주나 야식 등의 '생활 습관'의 차이가 아닐까 싶다.

마이클 영 교수는 간 속 생체시계 유전자가 돌연변이를 일으키면 비만이, 췌장 속 생체시계 유전자가 변이되면 당뇨가 생긴다고 했다. 주기적인 생활 패턴을 깨면 위와 같은 질병의 위험이 증가한다는 소리다. 새벽 늦게 깨어 있으면 체온도 떨어진다. 인공 조명 아래에서는 밤의 호르몬인 멜라토닌 분비도 억제된다. 그러니 이왕이면 늦은 새벽까지 깨어 있는 건 피하는 게 좋겠다. 참고로 우리 몸의 생체리듬에 영향을 미치는 걸로 밝혀진 '감광신경절세포'라는 세포는 파란빛에 반응해 시교차상핵이 낮이라고 판단하게 만든다고 하니, 밤에는 각종 전자기기의 불빛도 피하는 게 좋을 것이다.

우리는 24시간의 노예

늘 잠에 쫓기는 바쁜 당신, 잠자는 시간이 아까운 당신, 자기 전에 핸드폰을 보느라 잠을 설치는 당신. 인간이 아무리 위대하다고 한들 우리는 24시간의 노예다. 과학은 남들 놀 때 놀고 남들 쉴 때 같이 쉬어야 한다고 답을 내렸다. 나폴레옹이 하루에 4시간밖에 못 잤다는 일화가 있다. 그러나 분명 낮잠을 많이 잤을 것이다. 아무리 바빠도 잠은 푹 자자. 과학이 알려주는 인생의 진리다. 어느 광고는 그랬다. '놀 때 다 놀고, 잘 때 다 자면 공부는 언제 할래?' 깨어 있는 시간을 잘 활용하는 건 여러분의 몫이다.

냉동 인간을 꿈꾸는 사람들, 미래 인류는 어떤 모습?

영화 〈겨울 왕국〉을 재밌게 본 기억이 난다. 동심을 자극하는 〈겨울 왕국〉에서 가장 탐났던 건 주인공 엘사의 '손가락으로 얼리기' 신공이었다. 손가락만 가져다 대면 모든 게 얼어붙는다. 더 좋은 건 그렇게 얼린 것들이 녹기도 잘 녹는다는 것이다. 물론 저주가 풀려야 한다는 조건은 붙었지만 말이다.

현실에서도 비슷한 모습으로 얼어붙은 채로 지구 어딘가의 냉동고에 잠들어 있는 사람들이 있다. 현재의 의료 기술로 살

❖ 알코르생명연장재단에서 인체를 냉동해 보존하는 질소탱크의 모습

출처: 미국 알코르생명연장재단

릴 수 없는 불치병 등에 걸려 세상을 떠난 사람들이다. 그들이 영원한 안식처로 땅 속이 아닌 냉동고를 택한 이유는 '다시 살아나길' 꿈꾸고 있기 때문이다.

냉동 인간이 되는 방법

냉동 인간이 되는 법은 꽤 복잡하다. 먼저 심장에 항응고제를 주입한다. 뽑아낸 피가 응고해버리는 걸 막기 위해서다. 그다음 전신에서 혈액을 빼낸다. 그 자리는 동결 보호제가 채운다. 이 과정이 끝나면 영하 193℃의 극저온 액체 질소 탱크 속으로

들어갈 차례다. 그렇게 이들은 현실의 기술로는 치료할 수 없는, 그러나 언젠가는 개발될 의료 기술을 기다리며 기약 없는 추위에 잠긴다. 얼마 전에는 한국의 80대도 아들의 뜻으로 냉동 인간이 되길 택해 화제가 되었다.

문제는 해동이다

냉동까지는 현재의 기술로 가능하더라도 문제는 '해동'이다. 얼음 속에 갇혀 있던 냉동 인간들이 〈겨울 왕국〉 속 사람들처럼 아무렇지 않게 그때의 그 모습으로 깨어난다는 보장이 있을까. 사실 '해동'이 범접 불가능한 기술은 아니다. 결혼과 출산이 늦어지는 사회 분위기 속에 나 역시 '냉동 난자' 시술을 고려해본 적이 있으니 말이다. 난자를 냉동시키는 데는 '유리화 동결법'이라는 게 이용된다고 한다. 탱크에 슬러시 질소를 넣어 탱크 온도를 영하 200℃까지 떨어뜨리고 동결 보존액이 난자 안으로 파고들게 해 난자를 유리처럼 굳히는 기술이다. 이 기술로 난자를 얼린 여성이 결국 건강한 아들을 출산한 게 이미 1999년의 일이다.

2021년 6월, 2만 4천 년 만에 해동된 시베리아 영구동토층 속에서 얼어붙어 있던 '담륜충'이 살아났고, 이들의 무성생식이 이뤄졌다는 소식이 들려왔다. 크기가 작아도 뇌와 장기가 있는 다세포 생물이라고 한다. 2만 년이란 시간을 건너뛴 뒤 살아서 꿈틀거리는 담륜충을 보니 괜히 내 가슴이 벅차올랐다.

인간 등 여타 동물의 장기를 얼렸다가 손상 없이 해동시킨 사례는 아직 없다. 세포는 해동되는 과정에서 수분이 얼음 결정으로 변화하는 '결정화 현상'을 겪게 되는데, 이때 얼음 결정이 작은 칼날처럼 작용해 세포를 파괴하기 때문이다. 만일 우리가 이 담륜충이 어떻게 얼음 결정의 형성 과정을 견뎠는지를 파악하게 된다면 인간의 세포나 장기 조직의 해동 연구에 큰 도움이 될 것이다.

사람을 얼렸다 해동하는 기술이 성공한다면 사회는 어떻게 변할까. 과거와 동시대 사람들이 혼재하는 세상은 조화로울 수 있을까. 우리가 겪어본 적 없는 혼란이 오지는 않을까.

경제 위기에, 전염병에 삶의 기쁨만을 온전히 누리기 힘든 세상이다. 현실판 엘사를 꿈꾸기보다는 오늘 우리에게 주어진 하루, 지금 이 순간에 충실해보는 건 어떨까.

"시초부터 종말까지 모든 것은
우리가 통제할 수 없는 힘에 의해 결정된다.
별, 인간, 식물, 우주의 먼지뿐만 아니라 벌레 등
우리 모두 보이지 않는 저 먼 곳의
피리 부는 사람의 곡에 맞추어 춤을 출 뿐이다."

_알버트 아인슈타인Albert Einstein
상대성이론을 만들어낸 독일 태생의 이론물리학자

2장

물리, 이 세상은 보이지 않는 힘으로 가득하다

달은 지금 이 순간에도 지구를 향해 낙하하고 있다

×

만유인력

'사과는 지구가 당겼다.' 이 말이 뉴턴으로부터 나오기까지 수만 년간 사람들은 사과가 떨어지는 걸 그저 보고만 있었다. 평범한 사람들이 '저걸 먹어도 될까?' '맛있겠다.'라는 생각을 할 때 뉴턴은 '누가 당겼을까?'라는 의문을 가졌다. 뉴턴이 세상을 떠난 후 당대 영국 최고의 시인이었던 알렉산더 포프는 뉴턴의 묘비문으로 창세기의 구절을 이용해 "자연의 법칙이 어둠 안에 숨어 있을 때, 신이 '뉴턴이 있으라!' 하시니 그 후 빛이 가득했다(Nature and Nature's laws lay hid in Night: God said, Let Newton be! and all was light)."라는 글을 남겼다. 이는 뉴턴이 가져온 과학 혁명의 파급력을 잘 드러내주는 말이 아닐까 싶다.

최초로 망원경을 통해 달을 관측한 비운의 과학자, 갈릴레이

뉴턴에 대해 더 자세히 알아보기 전에 뉴턴이 태어나기 1년 전 세상을 떠났던 과학자 갈릴레오 갈릴레이에 대해 잠시 알아보자. 지금이야 근대 과학의 아버지라 불리지만 사실 갈릴레이는 비운의 과학자였다. 당대의 세계관을 정면으로 반박했었기 때문이다. 아리스토텔레스는 물체가 일정한 속력으로 운동을 계속하려면 일정한 힘이 계속 필요하다고 주장했다. 그러나 갈릴레이는 반대로 물체가 자신의 운동을 계속 유지하려는 성질을 갖기 때문에 저항이 없다면 아무런 힘이 작용하지 않아도 물체가 일정한 속도로 운동을 계속할 수 있다고 주장했다. 더불어 물건을 같은 높이에서 떨어뜨렸을 때 무거운 물체는 빨리, 가벼운 물체는 천천히 떨어진다고 생각했던 아리스토텔

❖ 갈릴레이가 직접 스케치한 달

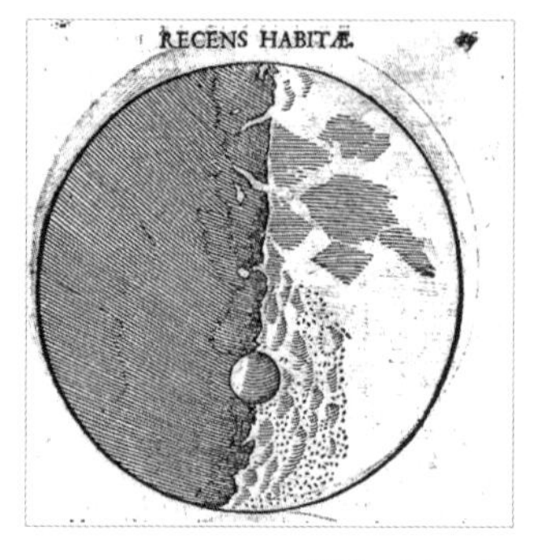

출처: wikipedia

❖ 실제 달 사진

출처: NASA

레스와 달리 갈릴레이는 이 물체들이 모두 '동시에' 떨어진다고도 했다. 아리스토텔레스는 천상계는 지상계와 달라 변하지 않는 원의 세계라고 생각했다. 이 시대 사람들에게 달은 완벽하고 매끄러운 원으로 된 천체였다. 하지만 갈릴레이는 망원경을 만들어 인류 최초로 달을 직접 관찰한 사람이었다. 그의 눈에 보인 달은 매끄러운 원이 아닌 울퉁불퉁한 것이었다.

지동설을 주장했고, 토성의 고리를 봤으며, 태양의 흑점까지 관측했던, 400년을 앞서갔던 과학자 갈릴레이는 그렇게 위대한 발견에 대한 찬사보다는 로마 교황청에 이단으로 고발되는 등 비판에 더 많이 시달리다 세상을 떠나야 했다.

뉴턴의 운동 제2법칙
가속도의 법칙

비운의 과학자 갈릴레이는 뉴턴에겐 고마운 존재였다. 생각할 시간을 줄여줬으니 말이다. 뉴턴은 갈릴레이가 주장한 등속직선운동에 '관성의 법칙'이라는 이름을 붙였다. 그런데 현실 세계는 무언가가 가만히 있거나 똑같이 움직이기보다는 계속해서 '변화'하는 게 더 일반적인 곳이다. 시동을 켜고 천천히 움직이던 차도 일정 속도까지 올라온 뒤 엑셀을 밟으면 더 빨리 더 잘 나가는 것처럼 말이다. 뉴턴은 물체의 속도를 변하게 만드는 요인을 힘이라고 봤다. 어떤 물체에 더 많은 힘을 줄수록 그 물체는 속력의 변화를 더 크게 겪는다고도 했다. 이게 그 유명한 $F=ma$(힘=질량×가속도) 공식이 탄생하게 된 배경이다. 우리는 이걸 뉴턴 운동 제2법칙 '가속도의 법칙'이라 부른다. 뉴턴 운동 제3법칙인 '작용 반작용의 법칙'은 힘을 주면 힘을 받는다는 법칙이다. 힘은 두 물체 사이의 상호작용이다. 항상 쌍으로 작용한다. 두 힘의 크기는 같고 방향은 반대다.

뉴턴이 사과가 떨어지는 걸 보고 '그럼 달은?'이라고 질문한 것은 어쩌면 당연한 수순이다. 뉴턴은 '케플러의 법칙(케플러가 유도한 행성의 운동에 관한 세 가지 법칙)'을 분석했다. 일례로 케플러는 모든 행성의 궤도는 '원'이 아닌 '타원'이라고 했다. 뉴턴은 이걸 식 하나로 증명했다. '모든 물체는 서로 끌어당기고 있으며 그 끌어당기는 힘의 세기는 거리의 제곱에 반비례한다는 것'이다. 그 유명한 '만유인력의 법칙'이었다.

어쨌든 뉴턴의 자문자답의 결론은 이러했다. '지구는 달을 끌어당기고 있고 질량이 지구의 80분의 1인 달도 지구로 떨어지고 있다.'

달은 지금도 떨어지고 있다! 뉴턴의 사고실험

달이 지구로 떨어지고 있다는 결론에 이르기까지 뉴턴은 복잡한 사고실험을 거쳤다. 이른바 '뉴턴의 대포'라고 알려진 실험이다. 간단히 말하자면 뉴턴은 여기서 '누군가 높은 산에서 포탄을 빠르게 발사할수록 포탄이 더 멀리 날아가 땅에 떨어질 것'이라고 가정했다. 실험과 마찬가지로 달도 누군가 빠른 속도로 던졌다고 가정해보자. 달은 직선으로 쭈욱 나아가 지구를 떠나 저 먼 우주로 달려가고 싶을 것이다. 그런데 지구가 잡아당기는 통에 갈 만하면 당겨지고, 갈 만하면 당겨져 달은 결국 지구를 돌게 된다. 지구 역시 돌고 있기 때문에 달과 지구가 부딪힐 일은 없다. 뉴턴은 사과와 달이 떨어지는 가속도까지 구했다. 이 식에 대입하면 사과의 운동도, 달의 운동도 정확히 들어맞는다. 땅에서의 갈릴레이 법칙, 하늘에서의 케플러의 법칙이 뉴턴의 운동법칙과 만유인력의 법칙으로 모두 설명되는 순간이 온 것이다. 지상계와 천상계의 구분 따위는 뉴턴의 세계에서는 없었다.

지금 이 순간에도 달은 우리를 향해 떨어지고 있다. 아니, 달과 지구는 서로를 잡아당기며 상호작용하고 있다. 그러나 우리가 떨어지는 달에 맞아 폭발해버리는 게 아닌, 가까운 거리에서 매일 달을 보며 소원을 빌고, 오늘따라 달이 참 예쁘다고 누군가에게 말을 건넬 수 있는 건 이렇게나 아름다운 힘의 법칙 덕분이다. 어느 가수는 '위태롭던 나를 끌어당겨준 네가 나의 중력이다.'라고 노래했다. 서로의 속도로 살아내는 매일의 삶. 우주를 관통하는 '만유인력'의 법칙처럼, 지구와 달처럼, 그 힘 안에서 살아가는 우리들도 서로 적당한 만유인력으로 조화롭게 살아가면 어떨까.

이중성의 끝판왕, 빛

×

전자기학

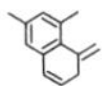

오늘도 한강 다리를 건너며 나를 집어삼킬 듯 비추는 태양빛을 바라본다. 한강 물이 빛을 받아 금모래빛으로 반짝이는 풍경은 내가 일상에서 소소히 누리는 삶의 기쁨이다. 그 옛날 사람들은 태양빛을 보며 무슨 생각을 했을까? 나처럼 감사함을 느꼈을까. 셜록홈즈는 그랬다. 보는 건 쉽지만 관찰하는 건 어렵다고. 나처럼 평범한 사람들이야 눈이 부시다거나, 아름답다거나 하는 감상에 젖는 데 그쳤겠지만 과학자들은 골치 아픈 '관찰'에 매달려왔다. 우리가 자연을 보며 그저 감상에 그칠 수 있는 것도 어쩌면 다 과학자들의 고심 덕이 아니었나 싶다.

빛의 정체를 밝히기 위한 과학자들의 분투

수천 년 전 과학자들은 눈에서 레이저처럼 쏘아져 나오는 것이 빛이 된다고 믿었다고 한다. 영화 〈엑스맨〉에 나오는 '사이클롭스'처럼 말이다. 그들의 논리대로라면 밤에도 불빛이 필요 없는 것 아닌가. 이런 한계를 극복하기 위해 그들은 눈에서 나오는 빛과 태양이 상호작용을 한다는 단서를 붙이기도 했다. 신기한 건 그 후로도 1천 년이 넘게 사람들이 이 말도 안 되는 논리를 믿었다는 것이다. 1천 년이나 이어져온 이 생각을 뒤집은 사람은 '이븐 알 하이삼'이라는 이슬람 학자였다. 그가 쓴 『광학의 서』는 '외부에서 반사된 빛이 우리의 눈으로 들어온다.'라는 말이 기록된 최초의 책이다.

다시 수백 년이 지난 후 17세기, 과학자들은 이제 고차원적인 걸 논하기 시작했다. '빛은 도대체 무엇으로 이뤄져 있는가?'에 대한 고민이었다. 생각해보면 그렇다. 우리 몸은 세포로 이뤄져 있다. 우리가 입는 옷, 먹는 음식 모두 그 재료가 무엇인지 알고 있다. 하지만 빛은 도대체 뭐길래 저리도 밝으며 또 1초에 30만km를 달릴 정도로 빠르단 말인가. 빛이 무엇으로 이뤄져 있는지를 밝히는 과정은 그야말로 갈등의 연속이었다.

당대 최고의 과학자 아이작 뉴턴은 그의 저서 『광학』을 통해 빛이 운동하는 '입자'로 구성되어 있다고 주장했다. 동시대 크리스티안 호이겐스라는 과학자는 빛이 입자가 아닌 '파동'이라는 주장을 폈다. 이 논란을 잠재운 건 1800년대 초 토마스 영이란 영국 과학자의 '이중 슬릿 실험'이었다. 빛을 아주 얇게 구멍 낸 종이 2개에 통과시킨 결과, 그 뒤의 스크린에 서로 다른 밝기의 빛이 물결친 것이다. 뉴턴의 말대로 빛이 작은 입자들의 뭉침이었다면 나타날 수 없는 결과였다.

고대 그리스의 탈레스는 호박을 양가죽으로 문질렀을 때 생기는 정전기 현상을 관찰하고 전기를 발견했다. 그 이래로 전류가 흐르는 전선을 나침반 주위에 놓으면 나침반의 자침이 회전하는 현상을 발견한 덴마크 물리학자 한스 외르스테드, 전류를 일으키기 위해 도체 가까이에서 자석을 움직여야 한다고 주장하며 자기장의 변화로 전류를 만들 수 있다는 걸 확인

❖ 토마스 영의 이중 슬릿 실험

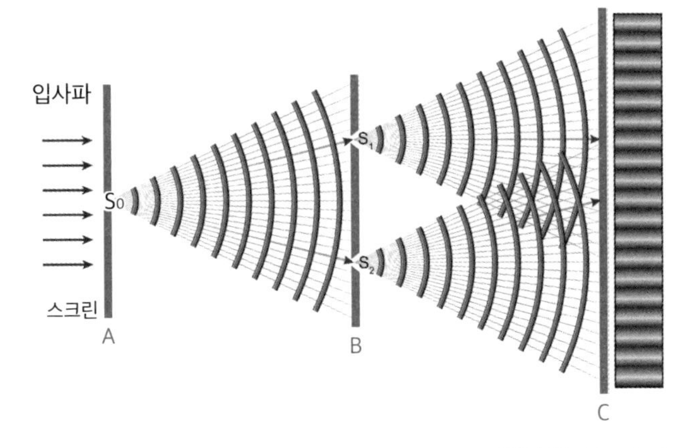

출처: Shutterstock

한 영국의 물리학자 마이클 패러데이의 위대한 발견은 마침내 19세기 중반, 영국의 물리학자 맥스웰의 손에서 화룡점정을 찍었다. 맥스웰은 패러데이의 법칙을 포함한 4가지 방정식을 통해 '맥스웰 방정식'을 내놨다. 그는 논문에서 '자성과 빛은 같은 현상이고 빛은 전자기장이 요동해서 생긴 파동'이라고 정리했다. 맥스웰은 전자기파가 곧 빛이라고 믿었다. 오직 방정식으로 이 같은 답을 얻어낸 것이다.

입자냐 파동이냐 그것이 문제로다

다시 분위기가 반전된 건 독일의 두 물리학자 하인리히 헤르츠와 막스 플랑크 덕이었다. 1887년 헤르츠가 전자기파의 존재를 확인하며 맥스웰 방정식의 정확성을 검증했다. 그런데 이때 그는 금속 등의 물질에 빛을 쪼이면 빛이 전자를 내놓는 '광전효과'를 처음으로 발견했다. 빛은 파동이라는 게 대세인 상황에서 이는 설명할 수 없는 현상이었다. 더불어 플랑크는 모든 파장의 전자기파를 완전히 흡수하는 물체인 '흑체'를 연구하다 '빛 에너지가 불연속으로 존재한다.'는 주장을 하기에 이른다. 입자는 띄엄띄엄 놓을 수 있지만 파동은 그럴 수가 없었다.

또 한 번 대혼란이 오는 듯했다. 이때 등장한 게 아인슈타인이었다. 아인슈타인은 금속에 특정 진동수보다 큰 진동수의 빛을 쪼이면 전자(광전자)가 튀어나오는 현상인 광전효과를 설명해 논란에 종지부를 찍었다. 빛의 세기를 키우더라도 금속이 가진 특정한 진동수를 충족시키지 못하면 금속의 광전자는 방출되지 못했다. 이는 '파동 이론'으로는 설명되지 않는 것이

❖ 전자기파의 모형

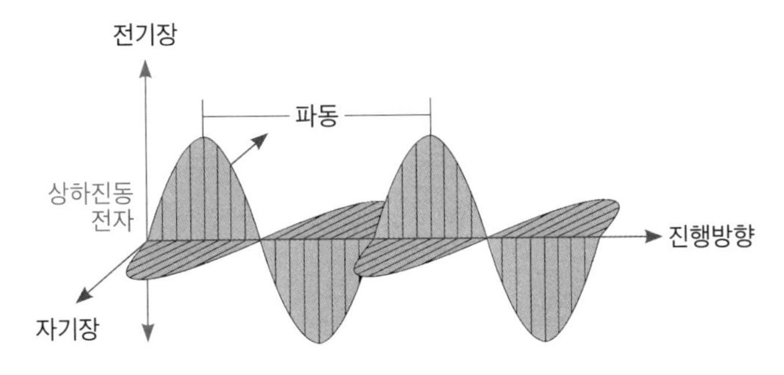

출처: Shutterstock

었다. 결국 광전효과를 완벽히 설명해낸 아인슈타인은 노벨상을 받았다.

우리는 우리 눈에 보이는 것만을 빛으로 알고 살았다. 세상엔 눈에 띄지 않고 우리 세상을 지배하는 막강한 빛, 그러니까 전자기파들이 있다. 전기장과 자기장의 두 진동면에서 수직으로 진동하는 힘들인 전자기파는 눈에 보이지 않을 뿐 감마선과 엑스선, 적외선, 초단파, 라디오파 등 파장에 따라 나뉘어 우리 세상을 지배한다. 빛은 그래서 무엇이냐고? 파동이고 동시에 입자다.

우리는 매일 기적을 체험한다

아인슈타인은 세상엔 기적 따위는 없다고 믿거나, 그 반대로 세상 모든 것이 기적이라고 믿는 두 가지 삶의 자세가 있다고 했다. 적어도 과학의 영역에서 우리는 '기적'을 매일 체험하며 살아가고 있다. 그런데 안타깝게도 나는 그걸 너무 늦게 알았다. 학창 시절 물리 시간에 이해가 안 가서 그냥 무턱대고 외우다 시험이 끝나면 머릿속에서 지워버리던 모든 것이 사실은 수천 년을 이어온 과학자들의 고심이었던 것이다. 그 덕에 나는 이제 빛을 그저 감상이나 하며 살아가도 되니 이것이 기적이 아니면 무엇이란 말인가.

어린왕자의 편지는 어디서 왔을까?

×

상대성이론

생텍쥐페리의 소설 속 어린왕자가 빛에 실어 우리에게 편지를 보냈다. 답장을 보내야 한다. 주소는 모른다. 단지 그가 태양 주위 어딘가에 살고 있다는 것밖에는. 확실히 아는 건 빛이 들어온 방향뿐이다. 다시 빛의 화살에 편지를 매달아 그 방향으로 쏘아본다. 이 화살은 어린왕자에게 가닿을 수 있을까? 안타깝게도 배달 사고가 날 가능성이 크다. 그 별은 사실은 그 위치에 없기 때문이다. 어린왕자의 별과 우리가 있는 지구 사이는

❖ 중력에 의해 눌린 시공간을 상상해 재현한 그림

출처: Shutterstock

빳빳하게 펴진 평평한 공간이 아니다. 중간에 태양이라는 아주 무거운 별이 있어서다. 태양이 너무나 무거운 나머지 태양계의 시공간은 태양을 중심으로 움푹 꺼져 있다. 빛의 속도인 초속 30만km로 직진하던 어린왕자의 편지는 태양 주위의 움푹한 공간을 만나면 마치 미끄럼틀에 몸을 맡기듯 공간을 그대로 타고 우리 눈에 도착한다. 그러니 이 사실을 모르고 들어온 방향을 향해 아무리 화살을 쏘아댄들 화살은 절대 그 별에 닿을 수 없다. 어린왕자는 다른 곳에서 애타게 우리의 답장을 기다리고 있을 것이다.

불변하는 건 시간과 공간이 아닌 오직 빛의 속도다

공간은 평평하지 않다. 태양과 같이 무거운 물체에 의해 눌리기도 한다. 빛이 직선으로 나아간다고 해도 무거운 물질에 의해 만들어진 곡선의 시공간대로 방향이 바뀔 수 있다. 아인슈타인이 1915년 발표한 일반상대성이론이 아니었다면 우리는 우리가 주소를 잘못 짚었다는 사실조차 알지 못했을 것이다.

사실 아인슈타인은 그로부터 10년 전 특수상대성이론을 이미 발표한 상태였다. 특수상대성이론은 그 자체만으로도 뉴턴의 생각을 완전히 뒤집어놓은 이론이었다. 뉴턴에게 공간과 시간은 그 어떤 것에도 영향을 받지 않는 불변의 것이었다. 게다가 공간과 시간은 어떠한 관련도 없었다. 공간은 공간이고 시간은 시간이었다.

아인슈타인은 특수상대성이론에서 '불변'이라는 자리에 공간과 시간 대신 '빛의 속도'를 올려두었다. 그리고 공간과 시간은 '시공간'으로 묶어버렸다. 시간과 공간은 더 이상 불변의 어떤 것이 아니었다. 주인공은 빛이었다. 아인슈타인이 존경했던 맥스웰이 빛의 속도는 진공에서 일정하다는 걸 이미 정립

해놓은 후였다. 많은 과학자가 빛의 속도가 같다는 건 말도 안 된다며 다른 무언가의 매개체 '에테르'의 존재를 찾으려 노력했지만(아리스토텔레스가 '고귀한 천상 세계의 물질'로 이야기했던 에테르가 빛의 전파 수단인 '매질'로서 실험되기 시작했다. 에테르 존재를 찾기 위한 '마이컬슨-몰리 실험' 등이 대표적이다) 허사였다. 아인슈타인은 에테르는 불필요하다며 에테르 없이도 '광속은 불변'이라고 선언했다.

실제로 그가 만든 복잡한 식에 따르면 우주 속에서 빠르게 움직이는 물체에겐 시간의 팽창이 일어난다. 시간이 더 천천히 간다는 것이다. 동시에 공간의 길이는 줄어든다. 영화 〈인터스텔라〉 속 밀러 행성에서의 1시간이 지구에서 7년이었던 이유다. 복잡하게 느껴지는 특수상대성이론을 정리해보자면 유일한 절대시간과 공간이란 없다. 내가 어디에 있고 어떻게 움직이느냐에 따라 내 시공간은 달라진다. 이 세상에 빛의 속도로 달릴 수 있는 건 빛밖에 없다. 빛은 우주 유일의 질량이 0인 물질이다. 빛을 따라잡으면 되지 않냐고? 빛의 속도에 가깝게 달리기 위해서는 엄청난 에너지가 필요하다. 광속에 가깝게 달리면 물체는 무거워지고 그 무거운 걸 옮기려면 더 큰 에너지가 필요한 것이다. 현실적으로 불가능에 가깝다.

특수상대성이론 그 뒷이야기

아인슈타인의 특수상대성이론 덕에 순식간에 빛은 주연으로 올라섰다. 하지만 이론 앞에 붙은 '특수'라는 단어에서 알 수 있듯 한 가지 문제가 있었다. 이 이론은 가속도가 0인 경우, 즉 항상 같은 속도로 움직이는 관성계에만 성립되었다. 가속 운동을 하지 않는 관찰자가 봤을 때만 이 이론은 성립된다. 그러나 가속을 빼고 우주를 논할 수 있을까? 이 우주는, 아니 지구는 온갖 종류의 가속이 일상인 곳이다. 당장 중력만 봐도 가속도가 있지 않은가. 아인슈타인의 고민은 또 다시 시작되었다. 가속도를 가정하지 않는 이론은 반쪽짜리에 불과했기 때문이다. 아인슈타인은 10년간의 긴 고민에 빠졌다.

만일 우리가 무중력 상태의 정지된 우주선에 둥둥 떠 있는데, 우주선이 갑자기 어린왕자의 별을 향해 중력의 가속도와 똑같은 속도로 가속을 하기 시작한다면 어떻게 될까? 갑자기 빨리 달리는 버스에서 내 몸이 뒤로 쏠리는 관성력처럼 아마 우주선 뒤에 바짝 붙어버릴 것이다. 이건 지구가 우리를 끌어당기는 중력과 똑같다. 우주선 속에서 나를 뒤로 당기는 건 관성력인가 아니면 중력인가? 만일 이 관성력과 중력이 같다면 인간은 이걸 구분할 수 있을까? 결론적으로 이 둘은 같다.

그렇다면 완전무결한 빛은 어떨까? 위로 가속하고 있는 우주선의 머리 부분에 창문처럼 작은 구멍을 내고 그 구멍으로 빛을 쏘면 그 빛은 밖에서 봤을 때 구멍에서부터 우주선 바닥인 아래쪽으로 휘어서 들어간다. 쉬운 예로 다트판을 생각해보자. A가 다트판을 들고 있고 B가 다트판의 중앙을 향해 화살촉을 날렸다. 이때 A가 가만히 있는다면 화살촉은 중앙을 향해 일직선으로 날아가 박힐 것이다. 그러나 A가 가만히 있지 않고 갑자기 다트판을 위로 들어올린다면 화살은 다트판 제일 아랫부분에 꽂힐 것이다. B가 다트판을 더 빨리 들어올릴수록 화살촉은 더 아래에 꽂힐 것이다. 여기서의 다트판 중앙을 아까 말한 우주선의 구멍이라고 생각해보면 마찬가지로 우주선의 가속도가 클수록 빛은 이처럼 더 크게 휜다.

앞서 우주선 안에서 내 몸이 뒤로 쏠릴 때의 힘이 가속도에 의한 관성력인지 중력인지 구분할 수 없다고 했다. 이 둘이 같은 것이라면 결국 중력이 있는 공간에서의 빛도 우주선 속에서 휘어져 들어간 빛처럼 휘게 되지 않을까. 천체가 무거워질수록 중력은 커지고, 중력이 만든 시공간의 '움푹 파임'은 빛을 휘게 한다. 이것이 아인슈타인의 생각이었다. 상상 이상의 중력을 가진 태양이 만들어낸 시공간의 곡률, 이게 지구가 태양을 도는 이유이자 수성이 뉴턴이론으로는 완벽하게 설명되지 않는 궤도로 태양을 도는 이유라는 것이다. 중력이 큰 태양 옆에서 시공간은 그 무게에 눌려 움푹 파인다. 그리고 빛과 우리 모두는 이 휘어진 시공간을 따라 이동한다.

움직이는 시공간을 통해 우리는 만난다

1919년 아서 에딩턴이 개기일식으로 태양 빛이 가려진 틈을 타 태양 뒤에 있는 별빛을 관찰하는 데 성공한다. 만일 시공간에 휘어짐이 없어 빛이 직진으로 이동했다면 절대 우리 눈에 닿을 수 없는 별이었다. 마침내 우리가 찾던 어린왕자의 별이 태양 뒤에 있다는 걸 발견한 것이다. 태양 뒤의 별빛은 태양이 휘어놓은 공간 덕에 우리 눈에 들어올 수 있었다. 어린왕자가 보낸 빛은 누가 당겨서 휘어진 게 아니었다.

우리 사이의 시공간은 중력에 의해 휘어져 있다. 빛은 그저

이 휘어진 길을 따라 움직일 뿐이다. 마침내 우리는 그 길을 알아낸 것이고 말이다.

이제 상대성이론이 무엇인지 알았으니 누군가 우리에게 어린왕자가 사는 별의 주소를 묻는다면 대답할 수 있을 것이다. 그리고 말할 것이다. 다른 시공간 속을 사는 우리의 만남이 성사된 건 지금도 출렁이고 있는 시공간의 물결 덕이라고.

시간은 왜 앞으로 흘러가는가

×

상대성이론·엔트로피

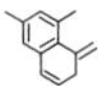

찰칵. 예쁘게 차려 입고 찍은 기념사진들, 생일 파티를 하며 찍었던 사진들, 반려동물과 찍은 행복한 사진들. 아름다운 순간은 늘 '순간'이다. 다시 돌아올 수 없는 이 순간들을 항상 즐기며 살아가자고 당부해보지만 우리는 늘 지금의 소중함보다 과거의 기억, 미래에 대한 걱정에 지배당하며 살아간다. 그러기에 잠시라도 행복한 순간이 오면 사진을 찍어 기념하는지도 모르겠다.

시간은 우리의 운명도 좌우한다. '메멘토 모리(Memento Mori)'. 자신이 죽는 존재임을 잊지 말라는 이 유명한 말은 시간의 유한함을 잘 드러내는 말이다. 영원할 것만 같은 순간들, 그 순간들이 흐르면 필연적으로 찾아오는 죽음. 키워드는 늘 '시간'이다.

시간의 비밀을 밝히기 위한 노력

시간의 비밀을 풀기 위한 과학자들의 고민은 1천 년 이상 계속되었다. 5세기 철학자 아우구스티누스는 "시간은 대체 무엇인가? 만약 누가 나에게 묻지 않는다면 알고 있다. 만약 내가 설명하려고 한다면, 나는 모른다."고 했다. 16세기 뉴턴은 "나는 시간, 장소, 움직임을 정의하지 않는다. 누구나 다 아는 것이기 때문이다."라고 시간의 정의에서 살짝 비켜 갔다. 실제로 물리학은 시간의 흐름에 그다지 관심이 없었다. 과거에도, 현재에도, 미래에도 통하는 보편 법칙을 탐구했기 때문이다.

한참의 시간이 흘러 물리의 영역에 시간을 끌어들인 건 아인슈타인이었다. 그는 시간을 유연하고, 늘어나기도 하며, 심지어 순서가 바뀌기도 하는 것으로 봤다. 그는 "연인과 함께 보내는 1시간은 1초 정도로 느껴지겠지만 뜨거운 난로 위에 앉아 있는 1초은 1시간처럼 느껴질 것이다."라며 시간의 '상대성'을 강조했다. 사람마다 다른 그 시간에 중요한 역할을 하는 건 '공간'이었다. 1만 2천m 상공에서 좌석 벨트를 차고 가만히 앉아 있는 사람의 속도는 0일까, 시속 900km일까? 그는 비행기를 기준으로는 정지해 있지만, 지상을 기준으로는 시속 900km로 날고 있다. 두 답은 모두 맞다. 아인슈타인은 '절대시간'이란 존재하지 않는다고 했다. 지표면에서, 달에서, 비행기에서 시간은 다 다르게 흐른다는 것이다. 앞서 상대성이론을 얘기할 때도 말했듯 영화 〈인터스텔라〉가 이를 잘 묘사하고 있다. 영화에서는 주인공과 그의 동료들이 밀러 행성(블랙홀 옆에 있어 중력이 지구보다 훨씬 강력해 시간 지연이 발생하는 행성)에 탐사를 갔다가 밀러 행성상의 시간으로 3시간 후 다시 우주선에 돌아왔음에도, 우주선에서는 이미 23년이라는 시간이 지나 있었던 장면이 나온다.

시간의 상대성

그림 1과 그림 2를 보고 시간의 흐름을 나열해보자. 그림 1에서 A, B, C, D를 시간 순서대로 나열하면 정답은 D-A-C-B다. 아마 모두가 맞히셨을 것이다. 깨진 커피잔이 다시 시간을 거슬러 올라가 완벽하게 붙을 수는 없기 때문이다. 우리는 깨지기 전의 흐름을 거슬러 올라가 시간의 흐름을 맞혔다. 그런데 그림 2는 어떤가? 공이 올라가고 있는지 내려가고 있는지 상황에 대한 정보가 전혀 없기 때문에 무엇이 먼저고 나중인지 시간의 방향을 알 수 없다.

시간은 절대적인 것이 아니다. 상대적이고 주관적인 것이다. 공이 공간에서 어디로 움직이는지 모르고서는 시간의 앞뒤를 구분하지 못하는 것처럼 말이다. 아인슈타인의 말처럼 시간이 상대적이라면 거꾸로 가는 시간도 가능하지 않을까!

❖ 그림 1

출처: BBC 다큐 〈Time〉 1부 「Daytime」

❖ 그림 2

출처: 〈곽방TV〉

시간의 흐름은 어떻게 만들어지는가

그렇다면 아직도 왜 우리는 시간 여행을 하지 못하는 걸까? 시간은 왜 뒤가 아니라 앞으로 흐르는 걸까? 여기에 답하기 위해 골몰한 과학자가 있었다. 바로 태양을 지나는 빛이 휘어진다는 것을 측정해 시간과 공간이 연관 있다고 말한 아인슈타인의 이론을 증명했던 20세기 영국의 천문학자 아서 에딩턴이다.

그는 '열은 뜨거운 곳에서 차가운 곳으로 흐른다.'는 열역학 제2법칙을 예로 들어 엔트로피의 증가가 시간의 방향을 결정한다고 말했다. 뜨거운 곳에서는 분자의 움직임이 활발한데, 차가운 쪽으로 문을 열어주면 이 분자들이 뒤섞이며 공간 전체의 엔트로피가 높아진다. 매일 더러워지는 우리의 방, 도시, 공기를 떠올리면 이해가 쉬울 것이다. 세상은 엔트로피가 높아지는 방향으로 움직인다. 우주는 에너지와 물질의 출입이 없기 때문에 우주 전체의 엔트로피는 항상 증가한다. 그는 이것을 절대 뒤로 돌릴 수 없는 '시간의 화살'이라고 했다.

팽창하는 우주에서 시간의 흐름을 파악한 과학자도 있었다.

20세기 초 미국의 천문학자 허블은 먼 은하일수록 빠른 속도로 우리로부터 멀어져간다고 하는 법칙으로 빅뱅을 이야기했다. '우주의 팽창이 시간의 방향을 결정한다.' 이를 두고 스티븐 호킹은 우주가 수축할 경우 엔트로피가 줄어들어 시간이 거꾸로 갈 것이라는 추측을 하기도 했다. 2011년 노벨물리학상은 우주가 가속팽창하고 있다는 것을 초신성의 관측을 통해 알아낸 세 과학자에게 돌아갔다.

미국 UC버클리대 교수 리처드 뮬러는 우주가 계속 팽창하며 시간을 만든다고 했다. 그러니 사실 '지금 이 순간'이라는 말은 너무나 철저히 인간의 시각에서 바라본 말이다. 내가 지금 보고 있는 저 별빛은 4년 전 별빛이고, 내가 지금 보고 있는 저 태양 또한 8분 전의 태양이기에. 우주에서는 '지금'이라는 단어도 쉽게 성립되지 않는다. 시간이란 무엇인가에 대한 대답도 물음표다. 그럼에도 팽창하는 시간의 최전선, 그 끝 모서리가 바로 우리가 '지금'이라고 부르는 순간이기도 하다.

우주 엔트로피의 증가를 인간이 멈출 수는 없을지 모른다. 하지만 통제할 순 있다. 지금 이 순간에 내리는 우리의 선택을 통해서 말이다. 지금 이 순간, 당신은 어디로 향할 것인가?

정말 신은 주사위를 던지지 않았을까?

×

양자역학

우리 세상을 지배하는 네 가지 힘이 있다. 전자기력, 중력, 강력, 약력이다. 강력과 약력 이 두 가지는 일상 속에서 느낄 일이 거의 없으니 일단 제외하고, 중력과 전자기력 중에서 중력을 제외하고 나면 우리가 느끼는 이 세상 거의 모든 힘은 전자기력뿐인 셈이다. 두 자석이 끌어당기는 힘, 수많은 가전제품을 움직이는 전기의 힘, 겨울이면 우리를 괴롭히는 정전기, 심지어 우리가 손을 잡는 힘도 결국 손과 손이 마찰해 서로의 감촉을 느끼는 것이기에 전자기력에 해당한다. 눈으로 볼 수 없지만 세상은 원자와 그 주위를 도는 전자로 채워져 있다. 원자 중심에는 아주 작은 원자핵이 있고 작고 가벼운 전자가 그 주위를 돌고 있다. 이게 우리가 살고 있는 세상의 실체다. 당장 '나'라는 존재도 원자와 전자의 집합이다. 우리를 구성하는 이 작은 단위들이 없다면, 다시 말해 '전자기력'이 없다면 우리는 단 1초도 살 수 없다. 양자역학을 이해하는 건 그래서 중요하다.

처음 양자역학이란 말을 들었을 때가 생각난다. 일단 이름부터 너무 어렵게 느껴져서 마음에 들지 않았다. 게다가 과학자들조차 어렵다고 인정한 분야란다. '피곤한 인생, 굳이 이런 어려운 것까지 알아서 무엇하나.'라는 생각이 나와 양자역학의 첫만남이었다. 아마 이 페이지를 펼쳐 든 여러분 중에도 그때의 나와 비슷한 생각을 하고 계신 분이 있으리라. 그런 분들께 '꾹 참고 조금만 더 읽어보시라.' 권해드리고 싶다. 물론 나도 양자역학을 다 이해하진 못했지만, 우리가 왜 양자역학을 이해하는 '시늉'이라도 해봐야 하는지에 대한 답을 드릴 수는 있다.

양자역학을 이해한 사람은 이 세상에 아무도 없다

본격적으로 양자역학이 뭔지 설명하기 전에 양자역학이 얼마나 어려운지부터 설명해야겠다. 덴마크의 물리학자 닐스 보어는 양자역학의 선구자라 불리는 인물이다. 그런 그조차 “양자역학을 연구하면서 머리가 어지럽지 않은 사람은 그것을 제대로 이해하지 못한 것이다.”라고 했다고 한다. 그뿐인가. 스티븐 호킹은 “슈뢰딩거 고양이에 대한 이야기를 들을 때마다 나는 슈뢰딩거를 총으로 쏘고 싶다.”는 과격한 표현을 쓰며 양자역학의 어려움을 토로하기도 했다. 아인슈타인은 “신은 주사위를 던지지 않는다.”는 말로 양자역학을 부정했다. 리처드 파인만은 이 모든 걸 한마디로 정리했다. “양자역학을 이해한 사람은 이 세상에 아무도 없다고 자신 있게 말할 수 있다”고.

카메라 안쪽 얇은 곳에 이물질이 들어가서 실핀으로 빼려다가 카메라를 더 심하게 고장 낸 적이 있다. 눈에 보이지 않으니 어찌나 답답하던지. 양자역학을 이해하기 힘든 이유도 비슷하다. ‘양자’라는 건 모든 개체의 최소 단위, 그러니까 더 이상 쪼개질 수 없는 에너지의 단위다. 원자, 분자, 광자, 전자 뭐 이런 눈에 보이지조차 않는 것들이다. 우리가 느낄 수 없을 정도로 작은 세계에서 일어나는 일을 들여다보는 일은 영화 〈앤트맨〉에서처럼 작은 개미로 변신해 그 속으로 들어갈 수 있어야 그나마 쉬울 것이다.

양자역학이 어려운 한 가지 이유가 더 있다. 살면서 가장 대하기 힘든 사람이 기분을 종잡을 수 없는 사람이다. 기분이 좋았다가 또 금세 화를 내는 사람을 보면 어떻게 맞춰줘야 할지 헷갈린다. 양자역학은 작아서 안 보이는 것도 문제인데 종잡기조차도 힘들다. 앞서 살펴본 고전역학(뉴턴 역학)이 물질의 지금 위치와 속도를 통해 앞으로의 위치까지 내다볼 수 있을 정도로 차분한 친구였다면, 양자역학은 위치 파악 자체가 불가능한 종잡을 수 없는 친구인 것이다.

게다가 텅 비어 있다. 빽빽하게 채워져 있는 세상과 달리 원자와 전자의 실체를 자세히 들여다보면 그 모습이 참 신비하기만 하다. 우리가 교과서에서 배운 원자와 전자 그림에서는 원자와 전자가 거의 한 쌍처럼 붙어 있지만 실제로는 다르기 때문이다. 실제로 둘 사이의 거리는 매우 멀다. 예를 들어 원자핵이 서울시청 앞 광장에 있다면 전자는 내가 사는 경기도에서 돌고 있는 것과 비슷한 거리에 떨어져 있다. 그 사이는 텅 비어 있다. 알고 보면 나 그리고 이 세상은 텅 비어 있는 것들의 교집합인 셈이다. 이 논리대로라면 우리는 출근길 지하철에서 서로 부딪히지 않고 마치 투명인간처럼 서로를 스쳐 지나가야 하는 게 아닌가. 여러분이 지금 책장을 넘길 때 손가락이 종이를 뚫고 나가야 되는 것 아닌가. 다행스럽게 이 전자라는 친구는 텅 빈 그 공간의 제일 바깥 쪽에서 '쉴드'를 잘 치는 친구라 우리는 이걸 느끼지도 못하고 잘 살아가고 있다.

양자역학이 어려운 이유는 또 있다. 1927년 벨기에 브뤼셀에서 열린 '솔베이 회의'에서는 아인슈타인을 골치 아프게 만든 과학자들이 등장하는데, 이 중 대표적인 사람이 앞서 양자역학의 선구자라 설명한 닐스 보어였다. 이 자리에서 논의된 것이 '코펜하겐의 해석'이었다. 이 이론을 정리하자면 이러했다.

1. 양자 상태에 대한 모든 정보는 파동함수에 들어 있다.
2. 측정하기 전에 입자의 물리량을 한꺼번에 확정적으로 관측할 수 없다(하이젠베르크 불확정성 원리).
3. 전자와 같은 입자들은 입자의 성질과 파동의 성질을 상호 보완적으로 가진다.

이 얘기를 해리포터의 한 장면을 들어 설명해보겠다. 해리포터가 탔던 마법학교행 기차를 기억하는가? 해리포터는 9와 3/4 승강장으로 가기 위해 9번 승강장과 10번 승강장 사이에서 승강장과 승강장을 연결해주는 커다란 아치 아래의 벽 기둥을 뚫고 들어간다. 바로 이때, 그가 기둥을 부드럽게 통과하는 그 순간을 양자역학적으로 바라보면 해리포터는 '입자'로 이뤄진 사람이다. 현실적으로 사람이 벽을 뚫고 지나가는 방법은 없다. 벽을 뚫고 지나가는 순간에 '연기', 그러니까 '파동'으로 변해버리면 모를까. 예를 들어 해리포터가 호그와트로 가는 기차를 탄 그 승강장에 가서 관찰을 해보니 정말 해리포터가 연기로 변해 벽으로 스며들었다는 증거인 '희미한 연기자국'이 묻어 있었다고 가정해보자. 현실에서 그걸 본다면 우리 모두는 "이건 말도 안 돼!"라고 외칠 것이다. 이 믿을 수 없는 결과를 본 우리가 내리는 결정은 아마도 다음과 같다. 해리포터가 다음 방학 때 다시 학교로 가는 날에 그의 뒤를 쫓아 그가 기차에 타는 모습을 관찰해보기로 하는 것이다. 기필코 무슨 일인지 밝혀내겠다는 각오로 다시 해리포터를 관찰한다. 그런데 이번엔 해리포터가 정상적으로 기차에 탄다. 이게 무슨 일일까? 지난 번에 우리가 봤던 건 도대체 뭐였을까? 이게 양자역학이 신비로운 이유다. 해리포터가 '연기'로 변하지 않았던 이유는 우리가 보고 있었던 걸 그가 알았기 때문이다(왜냐면 우리는 머글이니까). 즉 우리의 관측이 해리포터에게 영향을 미친 것이다. 이게 '코펜하겐의 해석'을 내 나름대로 최대한 쉽게 설명해본 것이다.

양자의 세계는 엄청나게 작은 세계다. 양자의 세계는 너무 작아서 '보고 있다는 그 사실' 자체가 물질에 영향을 미친다. 결국 해리포터는 우리가 보느냐 안 보느냐에 따라 '입자'와 '파동'의 성격을 동시에 갖는다는 결론이 나온다. 이런 양자역학의 특성을 우리는 '이중성'이라 부른다. 그 유명한 슈뢰딩거의 고양이 실험도 이와 비슷한 내용이다. 50%의 확률로 1시간 안에 독가스를 방출할 가능성이 있는 상자 안에 든 고양이는 살았을까, 죽었을까? 우리가 상자를 들여다보기 전까지는 고양이가 살았는지 죽었는지 알 수 없다. 그러므로 정답은 '죽었으며 동시에 살아 있다.'는 것이다. 죽었으면 죽었고 살았으면 살았지 죽었고 동시에 살아 있다는 게 말이 되냐고 생각할 수 있지만 슈뢰딩거는 양자역학의 이런 이중성이 말도 안 된다는 걸 이야기하려고 이 실험을 고안했다. 결국 시간이 흘러 이 실험은 양자역학의 이중성을 드러내주는 대표적인 사례가 되었다.

우리는 가득 차 있으면서 동시에 비어 있는 존재

주사위를 던지면 어떻게 되는가? 1이 나올 수도, 2가 나올 수도, 3, 4, 5, 6이 나올 수도 있다. 던지기 전까지는 그 결괏값이 1도, 2도 될 수 있다는 말이다. 아인슈타인이 양자역학을 비판하면서 "신은 주사위를 던지지 않는다."고 말한 이유다. 과학은 확률이 아니라는 믿음 때문이었다. 아인슈타인의 이런 비판에 닐스 보어는 "신에게 이래라저래라 하지 마라."는 대답을 보냈다. 결국 과학은 닐스 보어의 편을 들어줬다.

다른 걸 다 이해하지 못하겠다면 이것만 기억해도 좋다. 양자역학의 세계에서 가장 중요한 건 결국 '관측'이라는 사실이다. 보기 전까지는 아무도 결과를 모른다. 보기 전까지는 내가 보는 물질이 '파동'이거나 '입자'이거나 '둘 다'일 수 있다는 이야기다.

우리가 사는 세상은 오늘도 끊임없이 변화한다. 때로는 그런 세상의 변화에 우리가 뒤처지고 있다는 생각이 들기도 한다. 동시에 나만 동떨어진 느낌이 들어 우울감을 느낄 때도 있다. 그러나 결국 근원으로 올라가면 우리들이 사는 세상은 '양자들의 집합'이다. 작은 게 있어야 큰 것도 있다. 어느 무언가는 우리의 '존재'만으로 변화의 방향이 달라질 수 있다. 양자역학의 이중성을 이해하고 이것을 우리 삶에 적용해보자. 우리는 생각보다 더 대단한 존재들이다. 물론 이왕이면 경험과 지식이 많이 '차 있는' 사람인 동시에 늘 새로운 것에 도전하는 '비어 있는' 사람이 되도록 노력하면서 살면 더욱 좋을 테고 말이다.

아이언맨의 '아크원자로'는 가능한 일일까?

×

핵물리학

1945년 미국이 히로시마 원자폭탄을 투하한 뒤 트루먼 대통령은 카메라 앞에 앉았다. 그리고 말했다. "그것은 우주의 힘을 활용한 폭탄이다. 태양에게 태양력을 얻도록 만들어주는 힘, 그 힘을 극동에서 전쟁을 일으킨 자들에게 터뜨렸다." 히로시마 원자폭탄을 터뜨린 지 15시간 만에 나온 미국 대통령의 성명이었다. 우리의 세상을 지배하고 있는 가장 강력한 힘은 중력일 것 같지만 강력이다. 중력과 전자기력은 일상에서 충분

❖ 힘의 종류 및 크기

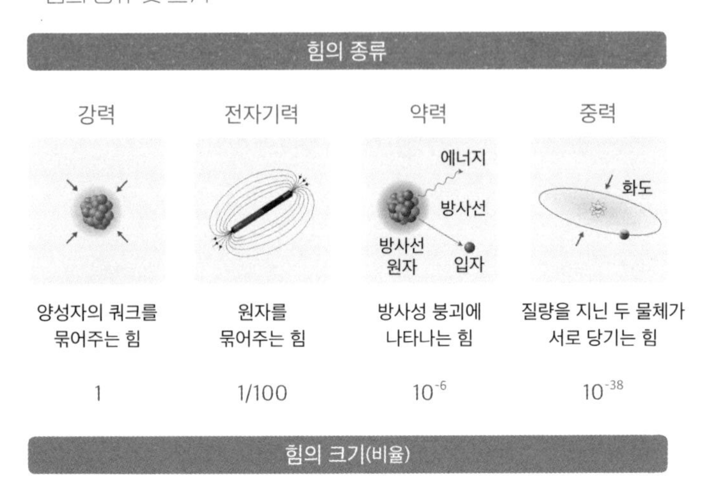

출처: Shutterstock

히 느낄 수 있는 힘이다. 그러나 세상에서 제일 강하다는 강력은 쉽게 상상할 수도, 상상하고 싶지도 않은 힘이다.

강력은 이름 그대로 중력, 전자기력보다 훨씬 큰 가장 강력한 힘이다. 원자핵의 내부를 들여다보면 양의 전하를 가진 양성자가 전하를 가지지 않는 중성자들과 함께 똘똘 뭉쳐 있는데, 이는 서로 싫어하는 애들끼리 껴안고 있는 형국이다. 무언가가 이들이 서로 '밀어내는 힘'을 압도하고 있다는 얘기다. 원자핵 속 양성자와 중성자를 구성하는 쿼크들을 결합시켜주는 힘, 이걸 과학자들은 강한 핵력, 즉 강력이라고 불렀다. 강력이 없었다면 물체들뿐만 아니라 우리 모두는 이미 와해되었을 것이다. 이 세계가 안정적으로 유지되고 있는 힘은 어쩌면 모두 강력 덕분이다.

약력은 원자핵 안의 중성자가 전자를 내놓고 양성자로 바뀌며 나타나는 힘이다. 이때의 힘이 '약력'이다. 우리는 강력과 약력을 쉽게 느낄 수 없다. 강력이 1이라면 중력은 네 가지 힘 중 가장 약해서 강력의 10^{-38}밖에 안 된다. 전자기력도 강력의 1/100 정도다. 강력과 약력은 원자핵처럼 원자보다 작은 입자들의 상호작용이다. 이것들은 사실 원자핵 정도의 작은 세계 안에서나 유효한 힘이지만 동시에 원자폭탄, 즉 핵융합의 원리로 쓰이니 두려울 수밖에 없는 것이다.

'아크원자로'는 실제로 가능할까?

강력과 약력. 우리 생활 속에서 쉽게 함께하기 힘든 이 두 가지 힘 모두를 가슴에 달고 다닌 남자가 있다. 일론 머스크를 모델로 탄생했다는 영화 〈아이언맨〉 속의 '토니 스타크'다. 토니 스타크를 슈퍼인간으로 만들어주는 '아크 원자로'는 핵융합으로 에너지원을 만들어 여기서 나오는 에너지로 비행도 하고, 위기에 처한 건물에 1년 치 전기도 공급해준다.

핵융합은 플라즈마(기체가 초고온 상태로 가열되어 원자나 분자에서 전자가 분리되어 전자와 원자핵들이 독립적으로 존재하는 상태) 상태에서 원자핵들끼리 충돌해 에너지를 내는 것이다. 태양으로 예를 들어보자. 태양은 엄청난 수소로 이뤄진 천체다. 막대한 중력으로 인해 가운데 핵으로 엄청난 수소가 몰린다. 수소는 높은 압력을 받게 되는데 이때 압력이 너무 센 나머지 수소의 전자와 원자핵이 다 분리되어 기체 상태로 둥둥 떠다니는 플라즈마 상태로 변한다. 전자가 떨어져나간 원자핵들은 원래대로라면 서로 밀어내야 하지만 에너지가 너무 세다 보니 강력으로 서로 결합된다. 태양은 중력이 워낙 강하다 보니 중심 온도 1,500만℃에서 이 과정이 일어난다. 그리고 수소가 헬륨으로 전환되는 이 과정에서 미량의 질량이 줄어들고 그 작은 질량이 에너지를 만든다. 참고로 지구는 태양보다 중력이 훨씬 작으니 태양의 핵융합을 지구상에서 재현하려면 온도가 1억℃는 되어야 한다고 한다. 1,500만℃이든 1억℃이든 아마 플라즈마가 조금이라도 가까이 있었다면 상상도 하기 전에 우리 모두가 녹아버렸을 것이다. 결국 36.5℃의 체온을 가진 사람은 감내하기 힘든 게 '아크 원자로'란 말이다.

두 번째 태양의 탄생? 지구 위 핵융합

그렇다면 지구에서는 핵융합이 아예 불가능한 것인가. 아크 원자로 대신 축구장 수십 개를 합한 크기 정도로는 가능하다. 바다에 풍부한 중수소와 리튬과 중성자를 충돌시켜 만들어내는 삼중수소를 융합하면 지구에서도 태양 못지않은 에너지를 만들어낼 수 있다. 문제는 1억℃라는 고온인데 이 에너지를 그냥 맨땅에서 만들어내다가는 시도도 못 하고 큰일이 날 것이다. 과학자들은 도넛 모양의 자기장 안에 초고온의 플라즈마를 가두는 방법을 개발했다. 이를 '토카막'이라 부른다. 플라즈마는 제멋대로에 뜨거워 범접도 불가능한 녀석이지만 '전하'를 띄고 있다. 장치 내부를 고온으로 데워 핵융합을 한 뒤 자기장을 흘려주기만 하면 어디로 튈지 모르는 플라즈마도 길들일

·› 전형적인 토카막의 구조

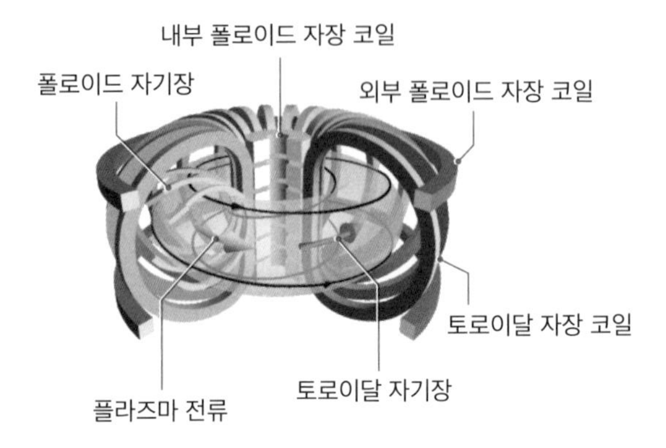

출처: wikipedia

수가 있다. 2020년 한국에서는 인공태양 '케이스타(KSTAR)'가 1억℃에서 플라즈마를 20초 유지하는 데 성공했으며, 2021년 중국의 핵융합실험로에서는 1억 2천만℃의 초고온에서 플라즈마를 101초간 유지하는 데 성공했다고 한다. 그 외에도 선진국 몇 나라가 모여 프랑스에 거대 인공태양을 만드는 프로젝트도 진행 중이다. 지구인들에게 풍부한 에너지를 공급하기 위한 거대 인공태양이 프랑스 어딘가에 생긴다면 우리는 이제 2개의 태양을 품은 지구인이 되는 셈이다.

과학은 상상에서 시작된다. 우리 몸속에 아크원자로를 심는

❖ 케이스타(KSTAR) 주장치 측면 모습(2021년)

출처: 한국핵에너지융합연구원

건 어쩌면 영원히 불가능할지 모른다. 그러나 상상이 이뤄온 과학의 기적을 생각하면 아크원자로 비슷한 것을 상상하는 것 자체로도 큰 의미가 있는 것 아닐까?

빛에 브레이크를 걸면 해리포터의 투명망토가 완성된다

×

메타물질

영화 〈해리포터〉에는 입으면 입은 사람의 몸을 투명하게 만들어주는 투명망토가 나온다. 영화를 보는 내내 투명망토가 어찌나 탐나던지. 알고 보니 마법의 세계에서도 아무 마법사나 손에 넣지 못하는 그런 망토였다. 그 귀한 물건을 찾기 위해 과학의 세계를 기웃거려보면 비슷한 물질 하나를 찾아볼 수 있다. '메타물질'이다. 이름부터 범상치가 않다. 여기서 메타(Meta)란 '초월하다, 뛰어넘다'라는 뜻의 그리스어다.

모든 매질에는 빛에 브레이크를 거는 굴절률이 있다

우리가 지금부터 뛰어넘어야 할 것은 만물을 생동하게 하는 우주의 근원 '빛'이다. 빛은 타협이 없는 존재다. 늘 직진한다. 심지어 진공에서도 전파되어 나간다. 사실 모든 전자기파가 다 그렇다. 그런 빛이 다른 매질(파동을 전달해주는 물질)을 만나면 상황이 좀 달라진다. 직진하던 빛은 속력이 다른 매질과 만나면 그 경계면에서 진행 방향을 바꾼다. 이게 '굴절'이다. 신나게 달리던 빛에 '브레이크'가 걸리는 셈이다. 입사각과 굴절각에 대한 자세한 설명 대신 이러한 현상을 도로 위의 자동차로 비유해보겠다.

아스팔트 도로를 잘 달리던 자동차가 모래가 가득한 비포장 도로로 진입할 때 자동차는 갑자기 원치 않게 회전할 것이다. 왼쪽 바퀴가 먼저 모래밭으로 진입한다고 가정하면 모래에 푹 푹 빠지는 왼쪽 바퀴부터 속도가 느려질 것이다. 오른쪽 바퀴는 아직 아스팔트에 걸치고 있는 상황이라 속도가 더 빠른 상태. 두 바퀴의 속력 차이로 인해 자동차의 진행 방향은 속력이 느린 바퀴 쪽으로 꺾인다. 꺾이는 정도는 사실상 모래밭을 만나냐, 진흙탕을 만나냐, 물웅덩이를 만나냐에 따라 달라질 것이다.

여기서 다시 빛으로 돌아와보면, 앞서 말한 비유에서의 모래밭과 진흙탕, 물웅덩이는 각각 다른 매질을 의미한다. 이들의 형질이 모두 다른 만큼 이들은 각기 다른 굴절률을 갖고 빛을 느려지게 한다. 따라서 어떤 물체의 굴절률이 높을수록 그것은 빛의 '강적'이 된다. 우리가 아는 매질 중 최고의 강적으로 꼽히는 게 바로 다이아몬드다. 굴절률이 2를 넘기기 때문이다. 이것이 다이아몬드가 현란하게 빛나는 이유다.

가끔 중국에서 허공 위에 도시가 나타났다는 보도가 나오는 이유도 공기 중의 온도 차이로 발생한 빛의 굴절률 차이가 만들어낸 신기루 현상이다. 따뜻한 공기는 분자들의 움직임이 활발해 공기의 밀도가 낮고, 차가운 공기는 그에 비해 공기의 밀도가 높다. 공기의 밀도가 높을수록 빛이 굴절하는 굴절률은 높아지고 밀도가 낮을수록 굴절률은 낮아진다. 보통 지면에서 고도가 높아질수록 공기는 차가워지므로 같은 공기라 할지라도 고도에 따라 빛의 굴절률 역시 달라진다. 그로 인해 더 멀리 있는 물이나 나무 같은 물체에서 출발한 빛이 밀도가 다른 대기층을 통과하면서 꺾여 우리 눈에 도달하다 보니, 우리는 그 물체가 비정상적인 위치에 있거나 더 가까이 있다고 느끼게 되는 것이다.

굴절률은 각각 다르지만 자연에 존재하는 모든 물질이 빛에 대해 공유하는 공통점이 있다. 바로 빛에 대해 '양의 굴절률'을 갖는다는 것이다. 달리던 차에 브레이크를 밟으면 차는 그 자리에 멈추지 공중에 뜨지 않는다. '양의 굴절'은 이처럼 자연의 당연한 이치라는 말이다. 빛이 서로 다른 성질의 물질을 투과할 때 입사각을 기준으로 오른쪽으로 굴절(양의 굴절)하는 걸 '스넬의 법칙'이라고도 한다. 빛의 굴절은 스넬의 법칙을 따른다. 물론 과학자들이 이 신비한 현상에 대해 파고들지 않았을 리 없다.

우리가 어떤 물체를 볼 수 있는 이유는 그 물체에서 반사된 빛이 우리 눈에 들어오기 때문이다. 만일 어떤 빛이 굴절되는 방향을 마음대로 조종할 수 있으면 어떤 일이 일어날까? 그 물체는 '완전 투명체'가 될 수 있다. 만일 이런 물질이 자연에 없다면 혹시 이런 물질을 인공적으로 만들어낼 수 있을까? 바로 이 고민이 '메타물질'의 시작이었다.

메타물질의 탄생

처음 음(陰)의 굴절이라는 걸 이야기한 사람은 러시아 과학자 빅토르 베셀라고였다. 그는 1968년 음의 굴절률을 가지는 물질에서의 전기역학에 대한 연구를 발표한다. 흥미롭긴 했지만 이런 물질은 아직 세상에 없었다. 큰 관심을 받지 못했던 메타물질이 수면 위로 올라온 건 몇몇 과학자들이 이런 물질을 인공적으로 제조하는 데 성공하면서부터다. 2006년 영국의 과학자 존 펜드리가 신호탄을 쐈다. 그는 해리포터의 투명망토

❖ 굴절의 개념

• 음굴절과 양굴절

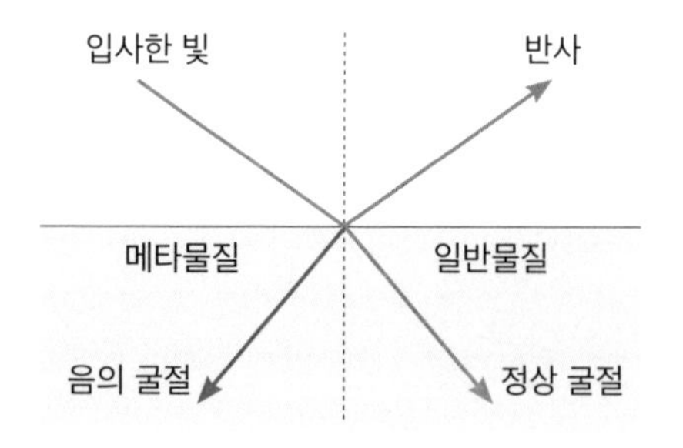

• 빛의 정상 굴절(양굴절)

를 어떻게 만들 수 있는지 2개의 논문을 통해 제시했다. 이 연구를 함께 진행하던 미국 듀크대 데이비드 스미스 교수는 아예 이 망토를 제작하기까지 했다. 안타깝게 우리 눈에 보이는 빛이 아닌 마이크로파 수준에서의 결과이긴 했지만 말이다.

빛의 파장은 매우 작은 나노 수준의 영역이다. 21세기 나노기술의 발달로 과학자들은 빛이나 전자기파의 파장보다 훨씬 작은 크기의 인공 구조체를 원자로 하는, 그리하여 빛이 '음굴절'하도록 하는 메타물질을 만들게 되었다. 2015년 버클리대 샹 장 교수는 메타카펫으로 물체를 덮어 물체가 보이지 않게 하는 실험에 성공하기도 했다.

❖ 일반 물질과 스마트 메타물질

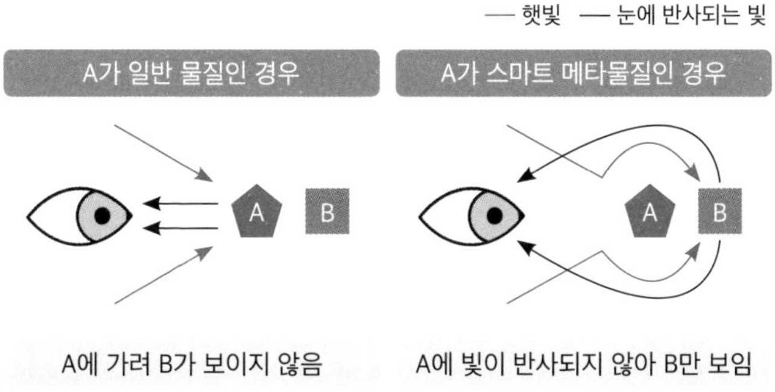

— 햇빛 — 눈에 반사되는 빛

A가 일반 물질인 경우

A

B

A에 가려 B가 보이지 않음

A가 스마트 메타물질인 경우

A

B

A에 빛이 반사되지 않아 B만 보임

메타물질이 바꿀 미래

그리스 신화에는 자기 스스로를 사랑하는 저주에 걸린 '나르시스'라는 목동이 나온다. 호숫가에서 쉬다가 연못에 비친 자신의 모습을 본 그는 그 얼굴이 자신의 얼굴인지도 모른 채 물에 비친 얼굴에 반해버린다. 연못 속에 손을 집어넣으면 파문에 흔들리다가 물결이 잔잔해지면 다시 나타나는 자신의 얼굴을 탐하던 그는 결국 물에 빠져 죽는다. 만약 지금의 기술력을 갖고서 시간만 되돌려 연못을 메타물질로 덮어버린다면 나르시스를 살릴 수도 있을 것이다. 메타물질로 뒤덮인 연못은 아무것도 반사하지 않을 테니까 말이다.

재밌는 건 메타물질은 '빛'도 통제할 수 있지만 빛의 친척인 전자파나 음파 등 다른 파동들도 바꿔버릴 수 있다는 것이다. 메타물질로는 전자파를 피해 가게 할 수도 있다. 메타물질을 천장에 발라놓으면 층간 소음도 해결할 수 있을지 모른다. 마찬가지로 메타물질을 발라놓은 마스크를 쓰고 전화를 하면 지하철에서도 마음껏 통화할 수 있을지 모른다. 물론 악당이 메타물질을 뒤집어쓰고 내 옆에 와서 원고를 쓰고 있는 나를 훔

쳐본다는 생각을 하면 소름도 끼친다. 메타물질을 잔뜩 뒤집어쓴 군용 전투기가 지나가다가 이를 인식하지 못한 항공기와 공중에서 부딪히기라도 한다면 그 또한 끔찍하다.

아인슈타인은 시초부터 종말까지 모든 건 우리가 통제할 수 없는 힘에 의해 결정된다고 했다. 우리는 저 먼 곳에서 피리를 부는, 보이지 않는 누군가의 미스테리한 곡조에 맞춰서 춤을 추고 있는 것일 뿐이라고. 130억 년 전 우주의 시작부터 모든 걸 관통해온 빛을 통제하기 시작한 인간을 보고 아인슈타인은 뭐라고 말할까. 참고로 미국 인터넷 쇼핑몰 아마존에서 파는 해리포터 망토는 특정 애플리케이션으로 사진을 찍으면 몸이 투명해진다고 한다. 아직까지는 앱을 통해 재미로 즐기는 용도지만 몇 년 후엔 정말 메타물질로 만든 망토가 판매될 것 같은 예감이 든다.

앤트맨과 양자얽힘

2015년 개봉한 영화 〈앤트맨〉은 지금까지도 그 줄거리에 양자역학을 녹여낸 것으로 꽤 많이 회자되고 있다. 주인공 스캇이 '마법의 수트'를 입으면 몸의 크기가 자유자재로 줄어드는 설정이 그렇다.

본디 원자와 전자의 관계는 한 쌍의 커플이 엄청나게 큰 축구장 안에서 한 사람은 운동장 가운데 서 있고, 나머지 한 사람은 관중석 제일 끝에 앉은 것과 같은 관계다. 그만큼 원자와 전자 사이가 멀다는 소리다. 그런데 영화 속에서 행크 박사가 개발한 '핌 입자'는 이러한 원자와 전자 사이의 텅 빈 공간을 줄여준다. 서로 가까이에서 이야기할 수 있도록 한 사람이 관중석에서 내려와 운동장으로 가게 허락해준 셈이다.

실제 앤트맨은 불가능한 이유

이것이 현실 세계에서 일어난 일이라면 가까이에서 만난 커플이 반가워하는 것으로 끝날 것이다. 72kg인 사람 몸속의 원자 개수가 7.2×10의 27승이라는 예상이 있으니 이 많은 원자가 전자와 붙어 이렇게 가까워진다면 어쩌면 앤트맨처럼 몸의 크기가 작아지는 것도 가능할지 모른다. 상상만 해도 짜릿하다. 영화 속에서처럼 얄미운 사람 한 대 때려주고 작게 변신해버리는 일도 가능할 테니 말이다.

하지만 영화는 영화다. 영화 속에서 옥의 티라고 가장 많이 지적되었던 장면은 앤트맨이 개미를 타는 장면이다. 질량 보존의 법칙에 따르면 질량은 상태변화에 관계없이 같다. 개미처럼 작아져도 스캇의 무게는 그대로라 이 법칙에 따르면 개미는 절대 스캇의 무게를 못 버틴다. 또 건물을 부순다는 것 역시 몸집이 커져도 불가능하다. 이 또한 스캇의 질량이 그대로

일 것이기 때문이다.

일단 개미가 되기 전에 풀어야 할 난제도 있다. 스캇이 개미만큼 작아지는 건 세상에서 가장 유명한 공식인 질량-에너지 등가원리 $E=mc^2$에도 위배된다. 이 공식에 따르면 손실된 질량은 에너지로 변한다. 인간이 개미 정도의 크기로 줄었다면 그 과정에서 엄청난 에너지가 나와야 한다. 하지만 영화 속에서는 인간 정도의 무게가 엄청난 크기로 작아지는데 땅이 흔들린다든지, 엄청난 굉음이 들린다든지 하는 에너지 방출이 없다. 실제로 인간을 앤트맨으로 만들기 위해서는 그 과정에서 나올 엄청난 에너지 방출을 통제할 기술 또한 개발해야 할 것이다.

양자얽힘, 미래의 우주 통신 수단?

영화 속에는 또 하나의 백미가 있다. 아원자(중성자, 양성자, 전자처럼 원자보다 작은 입자) 구조에 들어갔다가 탈출한 앤트맨이 아직 아원자 구조 속에 갇혀 있는 재닛에 빙의되는 듯한 장면이다. 행크 박사는 그걸 두고 '양자얽힘'이라 했다. 양자얽힘은 고전물리학 법칙과는 완전 반대에 서 있는 이론이다. 두 입자들이 '떨어진 거리'에 관계없이 어느 한쪽이 변화하면 '즉각' 다른 한쪽에 영향이 간다는 것이다. 이걸 처음 제안한 사람은 영국의 물리학자 존 벨이었다. 1964년 발표된 그의 논문 제목은 '베르틀만의 양말과 실체의 특성'이었다. 다소 우습게 느껴질 수 있는 제목이지만 그러나 그의 논문은 이렇게 시작한다. "아인슈타인-포돌스키-로젠(EPR)의 실험에 실망한 철학자는 일상에서 많은 사례를 제시할 수 있고 그중에 하나가 베르틀만의 양말"이라고.

벨의 친구 베르틀만 박사는 늘 서로 다른 양말을 신는 버릇이 있었다. 잡히는 대로 집어 신는 바람에 날마다 신는 양말 색이 달랐는데, 확실한 건 오른쪽과 왼쪽의 색이 다르다는 것뿐이었다. 벨 박사는 베르틀만의 한쪽 양말이 분홍색이라면 그걸 본 순간 다른 쪽은 분홍색이 아닌 것이 확인된다고 했다. 베르틀만의 양말 두 짝이 얽힘 관계에 있는 셈이었다. '한 입자의 상태가 확정되면 다른 입자는 동시에 그와 반대되는 상태로 확정된다.'

벨이 논문에서 말한 EPR(아인슈타인, 로젠, 포돌스키의 약자) 실험은 자연현상이 확률에 의해 지배된다고 말하는 양자역학을 믿지 않았던 아인슈타인이 "물리적 실재에 대한 양자물리학적 기술은 완전하다고 할 수 있을까?"라며 대놓고 양자역학을 '디스'한 논문이었다. 그의 핵심은 이러했다. '서로 멀리 떨어져 있는 각기 다른 두 체계는 동시에 서로에게 영향을 줄 수 없다.' 그러나 벨은 후에 논문을 통해 '벨 부등식'을 제안하며 EPR 실험을 역설로 만들어버린다. 아인슈타인은 유령 같다고 이를 부정했지만 말이다.

2015년 네덜란드 델프트 공대에서는 양자얽힘에 관한 실험을 하나 했다. 작은 다이아몬드 안의 '얽힌(것으로 추정된)' 전자들을 약 1km 떨어진 거리에 떨어뜨려놓고, 전자들이 서로 소통하지 못하도록 장소 사이의 모든 통신수단을 차단한 뒤, 한 입자의 상태가 확정되는 동시에 다른 입자가 그 '반대'의 상황으로 확정되는지 확인해본 것이다. 실험 결과, 한 입자의 상태가 결정되자 다른 입자가 그 반대로 결정되었다. 양자얽힘 현상이 존재한다는 사실이 확인된 순간이었다. 연구진은 범위를 넓혀 이러한 현상이 지구와 저 먼 별 사이에서도 통하는 자연현상이라고 주장했다. 뉴욕타임즈는 "미안해요, 아인슈타인. 그 유령 같은 현상이 진짜였다네요."라는 기사로 놀라움을 표현하기도 했다. 어떤 과학자들은 양자얽힘을 이용해 '양자 순간이동'을 시연했다고 한다. 영화 속의 공상에 그쳤던 기술들이 자꾸 현실이 되어가고 있다.

결정되어 있는 건 아무것도 없다

영화 〈앤트맨과 와스프〉에는 아원자 구조로 들어가버린 주인공의 눈에 소우주가 펼쳐지는 장면이 나온다. 우주가 영원히 축소되어 시간과 공간에 대한 모든 개념이 무의미해지는 곳이다.

우주의 모든 게 평면의 붙박이에 박혀 이미 결정되어 있다던 뉴턴의 세계는 이미 깨졌다. 그 세상을 더 넓혀 4차원의 시공간 안에서 모든 게 조화를 이룬다는 아인슈타인의 세계에도 균열이 생겼다. 양자역학의 세계에서는 이미 결정되어 있는 걸 우리가 받아들이는 개념이 아니다. 이곳에서 결정되어 있는 건 아무것도 없다. 내가 무언가를 보는 순간 그 무엇도 확률로 결정된다. 실제 앤트맨은 탄생할 수 없겠지만 과학이 더 발전된다면 우리의 세계관은 많이 바뀌어 있을지도 모르겠다.

"중요한 과학 혁명들의 유일한 공통적 특성은,

인간이 우주의 중심이라는

기존의 신념을 차례차례 부숨으로써

인간의 교만에 사망 선고를 내렸다는 점이다."

_스티븐 굴드Stephen Gould

과학의 대중화에 기여한 미국의 고생물학자

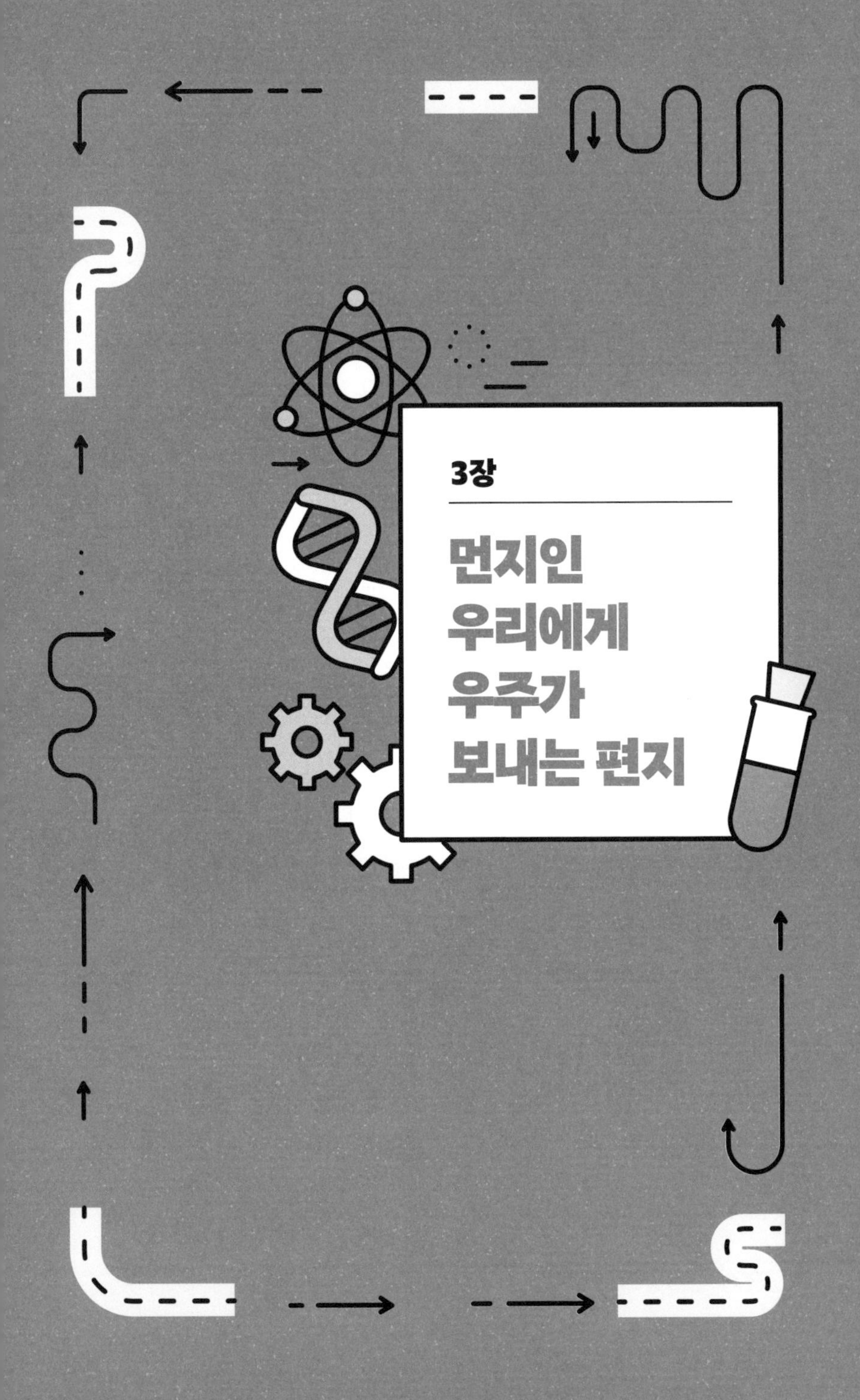
3장
먼지인
우리에게
우주가
보내는 편지

우주는 지금 이 순간에도 팽창하고 있다

×

빅뱅이론

우리는 지금 이 순간에도 과거와 함께 산다. 8분 19초 전에 태양에서 출발한 빛은 지구와 태양 사이의 약 1억 5천만km를 초당 30만km씩 달려 날아온다. 그래서 우리가 보는 태양은 약 8분 전의 태양이다. 밤하늘의 달빛도 마찬가지다. 지금 내가 보는 달빛은 1초 전에 달에서 온 빛이다. 빛의 속도로 10년을 가야 나온다는 어떤 별을 본다면 그건 10년 전의 별이다. 100억 광년 떨어진 저 먼 별의 관측도 결국 100억 년 전 별의 모습이다. 우주 속에서는 100억 년 전을 마주하는 것도 낯선 일이 아닌 것이다. 우주 저 먼 곳을 들여다볼수록 우리가 지구의 과거, 나아가 우주의 과거와 한 걸음 더 가까워지는 이유다. 그렇게 과거의 과거까지 거슬러 올라가고 나면 우리는 필연코 우주의 탄생인 '빅뱅'과 마주하게 된다.

대폭발이론이 지금의 정설이 되기까지

빅뱅은 우주가 한 점에서 대폭발해 생겨났다는 이론이다. 1980년 MIT 출신의 물리학자 앨런 구스(Alan Guth)가 빅뱅 이후 1초 이내에 우주가 '10억 배의 10억 배의 10억 배의 10억 배' 이상 커졌다는 인플레이션 가설을 제시했다. 이게 현대 과학의 정설이란다. 말도 안 된다. 나 같은 우주의 먼지에게는 한 점에서 이 광활한 우주가 태어났다는 이야기가 과학자들의 연구 결과라는 게 믿어지지 않는다. 과학소설에서라면 모를까. 가도 가도 끝이 없는 우주의 광활함을 생각하면 아찔할 뿐이다.

스티븐 호킹 이전의 가장 저명했던 영국 천문학자이자 정상우주론 학자인 프레드 호일은 오죽하면 한 라디오에 출연해 “우주가 어느 날 갑자기 빵(bang) 하고 대폭발을 일으켰다는 이론도 있더라.”며 대폭발이론을 비웃기도 했다(재미있게도 이때부터 대폭발이론은 빅뱅이론이라고 불렸다). 아인슈타인에게도 이것은 말도 안 되는 이론이었다. 우주는 시작과 끝이 없이 영원하다는 게 그의 생각이었다. 1917년 아인슈타인은 그가 만든 일반상대성이론으로는 정적인 우주 모형을 얻을 수 없음에도 굳이 ‘우주상수’라는 걸 하나 더 덧붙여 ‘우주는 팽창하지도, 수축하지도 않는다.’는 정상우주론에 힘을 실었다. 1920년까지만 해도 행성, 별, 은하계 그리고 모든 형태의 물질과 에너지를 포함한 시공간, 그 전부를 통틀어 이르는 우주가 (어디서 왔는지는 몰라도) 태초부터 지금까지 그저 그 자리에서 묵묵히 우리를 품어주는 존재라는 생각은 대세이자 정설이었다.

과학의 묘미는 기존에 절대적이었던 이론도 반박 가능한 결정적 관측만 있다면 쉽게 뒤집힌다는 데 있다. 사실 빅뱅이론의 밑밥은 벨기에의 사제 조르주 르메트르가 깔았다. 그는 수학만으로 아인슈타인의 상대성이론을 증명해 우주가 팽창한다고 주장했다. 그의 가장 큰 약점은 그가 ‘사제’라는 점이었다. 1927년에 논문을 발표한 직후 그는 과학자들의 회의인 솔베

❖ 세페이드 변광성의 1920년대(왼쪽) 사진과 2010년대(오른쪽) 사진

왼쪽은 에드윈 허블이 안드로메다에서 처음 '세페이드 변광성'을 발견하고 'VAR(변광성)'이라고 적어둔 사진이고, 오른쪽은 우주가 더욱 크고 은하로 가득찬 공간이라는 것을 알려준 V1(허블이 최초로 발견한 변광성)을 2010년대 초 허블우주망원경이 재촬영한 사진이다.

출처: NASA

이 회의에서 아인슈타인을 만났다. 그러나 아인슈타인은 "당신의 수학은 훌륭하지만 물리는 끔찍하다."는 말로 르메트르의 '팽창우주모델'을 비난했다. 이때 에드윈 허블이 등장한다. 시카고 법대를 졸업하고 변호사로 일하던 그는 우주를 사랑하는 남자였다. 망원경으로 우주를 보는 일에 빠져 변호사도 관두고 천문대 연구원으로 취직할 정도였던 그는 은하계 밖의

은하를 연구했다. 은하가 매일 밤 멀어지는 것도 이때 발견한다. 허블은 우리에게 망원경으로 유명하지만 모든 은하는 멀어지고 있고, 멀리 있는 은하일수록 더 빨리 멀어지고 있다는 사실을 발견한 '허블의 법칙'으로 세상에 더 큰 공을 세웠다.

지하철 승강장에서 지하철을 기다릴 때를 생각해보자. 저 멀리서 지하철이 오는 소리가 들린다. 점점 지하철이 가까워질수록 지하철의 바퀴가 선로와 만나 내는 마찰 소리가 엄청나게 커진다. 비슷하다. 우주를 주름잡는 건 빛이다. 허블은 멀리 있는 은하들이 더 빠른 속도로 멀어지면서 빛의 파장이 길어져 은하가 '적색'을 띠는 걸 발견한다. 이때 은하가 점점 붉어지는 걸 '적색편이'라고 한다. 지금 이 시간에도 우주는 숨을 불어넣으면 커지는 풍선처럼 팽창하고 있고, 우리는 그 풍선 위 어딘가 나노 입자 수준으로 작은 구역 안에서 살아가고 있는 셈이다. 시간을 거꾸로 돌린다면? 우주는 한 점으로 돌아갈 것이다. 콧대 높던 아인슈타인도 허블의 법칙 앞에선 '일생 최대의 실수'라며 우주상수를 지워버릴 수밖에 없었다. 허블의 법칙, 그것은 '우주는 팽창한다. 고로 과거로 돌리면 빅뱅이다.'라는 공식이 성립된 첫 계기였다.

빅뱅이론의 결정적 증거
우주배경복사

적색편이만으로는 아쉬울 즈음, 빅뱅이론을 뒷받침할 또 하나의 증거가 나왔다. 쿼크와 전자가 가득차 빛조차 쉽게 앞으로 나아갈 수 없었던, 뜨겁고 '불투명'했던 초기우주. 이러한 우주에 변화가 생긴건 빅뱅 이후 38만 년이 지나서였다. 빅뱅 1초 후 1억℃였던 우주의 온도는 38만 년 후 3천K(섭씨 약 2,700℃)까지 식게 된다. 그러면서 쿼크와 전자가 결합해 원자들이 만들어지게 되고, 드디어 우주에 빛이 나아갈 틈이 생기게 된다. 빛은 광활한 우주로의 긴 여행을 시작한다. 불투명이 아닌, '투명한' 우주 역사의 시작이었다. 이때의 빛이 전 우주로 퍼지며 내뿜은 에너지가 바로 '우주배경복사'다.

조지 가모프가 처음 이런 주장을 했을 때는 아무도 쉽게 이를 믿지 않았다(지금도 증거가 없다면 쉽게 믿기 힘들 것이다). 우주의 온도가 우주 어디에서나 똑같다는 게 상상이 가는가. 그러나 사실이다. 섭씨온도로 영하 약 270℃가 바로 우주의 온도다. 발견은 우연했다. 1960년 벨 연구소의 두 연구자 펜지아스와 윌슨이 이상한 전파 신호를 포착했다. 처음엔 기계가 고

❖ 펜지아스와 윌슨이 우주배경복사를 발견했던 미국의 혼 안테나

출처: wikipedia

장난 줄 알았다. 비둘기 배설물 때문인가? 열심히 청소도 해봤지만 허사였다. 곧 그들은 이 신호가 '우주 공간 전체'에서 날아오고 있다는 걸 깨닫게 된다. 우주배경복사의 첫 발견이었다.

빅뱅이 있은 후 138억 년이 지난 현재까지도 우주는 팽창하며 차갑게 식고 있다. 영하 270℃에서 발산하는 전파로 가득 찬 채. 그 전파는 당장 우리가 라디오 채널을 돌릴 때나 아날로그 TV를 켤 때 '지직'거리는 전파로도 확인이 가능하다. 우주

가 팽창하며 만들어낸 강한 에너지가 아직까지도 우주에 넓게 퍼져 있다는 증거를 바로 우리 집 안방에서도 확인할 수 있다는 얘기다.

행운의 행성 지구

나사가 2001년 우주로 발사한 더블유맵(WMAP) 탐사선은 지구로부터 160만km 떨어진 곳에서 우주를 분석한 뒤 이런 결과를 내놓았다. '우주는 영하 270℃다. 하지만 군데군데 온도가 다르다.' 여기에서 그 군데군데 온도가 다른 행운의 행성이 바로 '지구'인 것이다. 지구의 온도는 영하 270℃보다 높고 사람의 온도는 36.5℃가 아닌가. 지구가 우주의 대세를 따랐다면 우리는 존재하지도 못했다. 칼 세이건은 그의 저서 『코스모스』에서 우주 어느 한 구석을 무작위로 찍는다면 그곳이 운 좋게 행성 위나 그 바로 근처일 확률은 10의 33승분의 1이라고 했다. 광대하고 냉랭하고 어디로 가나 텅 비어 있는, 끝없는 밤으로 채워진 은하 사이의 어딘가 지구. 다시금 이 놀라운 우연에 감사하고 또 감사하다. 빅뱅은 '지구는 어디서 왔는가?'에서 더 나아가 '이 우주는 어디서 왔는가?'에 대한 끊임없는 과제를 우리에게 던진다. 대체 우리는 우주의 어느 지점에 있는가? 우주가 팽창하고 있다면 그 팽창의 끝은 어디인가?

앞서 말했듯 우리는 숨을 불어넣으면 빠르게 부풀어 오르는 풍선처럼 지금도 팽창하고 있는 우주에 살고 있다. 그러나 실제 풍선은 오래 불면 팽창하다가 결국 터진다. 우주도 풍선처럼 어느 순간 터져버리게 될까? 그렇게 터진 후에 또 다시 작은 불꽃이 일어 새로운 우주가 탄생할까? 우주 속 작은 점에서 내 세상이 나의 전부인 듯 살아가는 나 같은 인간에게는 너무나 어려운 질문이다.

우주는 보는 것이 아니라 듣는 것이라고?

×

중력파

음악을 들으며 추억에 빠질 때가 있다. 클래식 음악, 10년 전에 즐겨 듣던 인기 가요, 가곡 등 음악을 들으면 때론 저 먼 과거까지도 여행이 가능하다. 방 안에 가만히 앉아서도 말이다. 우주도 마찬가지다. 사실 밤하늘에 희미하게 보이는 별들은 우주의 일부분일 뿐이다. 더 먼 우주는 우리 눈에 보이지 않는다. 아무리 좋은 망원경을 쓰더라도 한계가 있다. 하지만 다행히도 우리에겐 더 먼 우주를 관찰하는 방법이 있다. 바로 우주를 '듣는' 것이다. 우주의 사방에서 오는 미세한 속삭임에 의존해 우주를 들어본다면 우리의 시야를 벗어나는, 훨씬 더 큰 우주를 만나볼 수 있다.

뉴턴의 중력에서 나아간 아인슈타인의 중력파

우주의 속삭임으로 우주를 보다니. 이게 무슨 사이비 종교에서나 할 법한 소리인지 고개를 갸우뚱하는 분이 계실 것이다. 이걸 가능하게 해주는 것이 바로 '중력파', 즉 중력의 파동이다. 우리는 지구가 사과를 끌어당기는 그 힘이 중력이라고 알고 있다. 그렇다면 사과가 지구에 떨어질 때 우주가 우리에게 무언가를 속삭이기라도 한단 말인가?

중력파를 알기 위해 간단한 상상을 하나 해보자. 양쪽에서 두 사람이 사각의 무릎 담요를 팽팽하게 당기고 있다. 그 위에 핸드폰을 던진다. 어떤 일이 일어날까? 그 순간 담요가 출렁이며 핸드폰 때문에 무릎 담요가 움푹 팰 것이다. 이제 그 공간을 따라 구슬을 흘려보자. 구슬이 흘러가며 핸드폰 옆으로 가서 톡 부딪힐 것이다. 중력파는 17세기의 뉴턴이 아닌 100여 년 전의 천재 과학자 아인슈타인의 생각이었다. 아인슈타인은 뉴턴과 의견이 달랐다. 아인슈타인에게 중력이란 두 물체 사이의 끌어당기는 힘이 아니었다. 우리가 한 상상에서 핸드폰이라는 큰 질량의 물체가 무릎 담요에 만들어낸 그 뒤틀림, 그리고 그 뒤틀림 안으로 흘러들어가는 구슬과의 작용이 아인슈타인이 생각한 중력이었다. 아인슈타인에 의하면 중력파는 질량이 있는 물체가 가만히 있는다고 해서 생기는 게 아니라, 질량이 있는 물체가 움직일 때 생기는 것이다. 무릎 담요에 핸드폰을 던지면 담요가 움푹 파이며 출렁이는 것, 다시 핸드폰을 들어올리면 담요의 움푹 파였던 면이 다시 출렁이며 원상으로 복귀되는 것이 중력파의 원동력과 비슷하다는 소리다.

내가 지금 노트북을 두드리는 이 순간에도, 여러분이 책장을 넘기는 순간에도 아주 미세하나마 중력파는 나오고 있을 것이다. 우리 모두는 질량을 갖고 있고 동시에 움직이고 있기 때문이다. 결국 아인슈타인의 중력파란 질량이 있는 물체의 움직임이 만들어내는 힘이라는 걸 무릎 담요 덕분에 이해할 수 있다. 그러나 그는 중력파가 실제로 존재한다는 것은 알아내지 못했다. 결국 이 모든 건 아인슈타인 상상 속의 중력이었고 이렇게 상상만으로 모든 것이 끝나버리는 듯했다.

두 거대 블랙홀이 만들어낸 중력파

여기서 잠시 13억 년 전으로 돌아가보자. 지구에서는 막 다세포 생물이 태어나던 시절이었다. 이곳에서 태양보다 29배 큰 블랙홀과 태양보다 36배 큰 블랙홀이 서로 사랑에 빠졌다고 가정해보자. 서로 빠르게 돌던 이 블랙홀 2개는 마침내 서로를 끌어안는다. 두 블랙홀의 결혼. 그렇게 태양보다 62배 큰 질량의 슈퍼 블랙홀이 만들어졌다. 그런데 이상하다. 29와 36을 더하면 65다. 나머지 3은 어디로 갔을까? 이 둘의 몸집이 너무나 큰 나머지 서로 합해지는 과정에서 3만큼이 우주로 방출되었다. 우주에 던져진 두 블랙홀의 청첩장은 우주의 지평을 따라 끝도 없이 흐르기 시작했다.

2015년 9월 14일, 두 블랙홀의 청첩장이 13억 년을 날아 지구로 도착했다. 바로 이 역사적인 날, 우리는 머나먼 우주의 지평을 타고 13억 년을 날아온 그 블랙홀들의 힘(중력파)과 조우

❖ 중력파 상상도

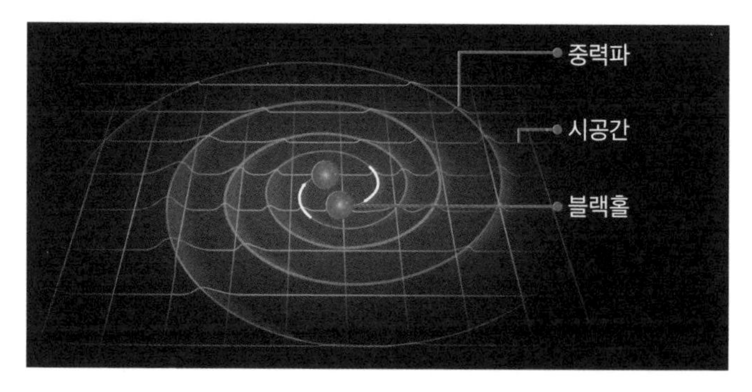

출처: Shutterstock

하게 되었다. 슈퍼 블랙홀 2개의 충돌 흔적이 지구를 스치고 지나간 날이 바로 이 날이다.

중력파는 어떻게 관측하는가?

우리가 이들의 청첩장을 받을 수 있었던 것은 아인슈타인의 상상만으로 탄생한 중력파를 검출하기 위해 후배 과학자들이 꾸준히 노력한 덕분이었다. 그 인물 중 하나가 캘리포니아공과대학의 킵 손 교수다. 영화 〈인터스텔라〉의 과학 자문을 맡았던 과학자로도 잘 알려져 있는 그는 라이고(LIGO)라고 불리는 '레이저 간섭계 중력파 관측소'를 지어 중력파 검출 실험을 주도했다. 이들 연구팀은 4km 길이의 긴 원통형 검출기 2개를 미국의 평원 지대에 약 90° 각도로 이어 붙였다. 실제로 워싱턴주 핸포드, 루이지애나주 리빙스턴에 가면 직각으로 나란히 붙어 있는 검출기 세트를 볼 수 있다.

이 검출기의 원리는 이러하다. 내 옆에 나와 몸무게, 키가 정확하게 똑같은 쌍둥이가 있다고 가정하자. 우리 둘을 겹쳐 놓으면 하나의 나로 보일 것이다. 그런데 어디선가 중력파가 내 쌍둥이를 스치고 지나간다. 이때 내 쌍둥이에게 키가 좀 더 커진다거나 작아진다거나 몸무게가 미세하게 줄어든다거나 하는 식으로 분명한 변화가 생길 것이다. 여기서 만일 내 몸에도 똑같은 변화가 일어났다면, 분명 중력파는 우리 둘 모두를 스쳤다고 볼 수 있다. 4km 원통형 검출기 2개를 이어 붙인 건, 중력파가 만일 지구를 지나간다면 이 원통형 검출기가 분명 미세한 변화를 감지할 것이고, 두 원통형 검출기에서 나타나는 변화의 정도는 같을 것이라는 아이디어 때문이었다. 이게 바로 라이고가 중력파를 검출하는 원리다.

❖ 미국 루이지애나주 리빙스턴에 위치한 중력파 연구소 '레이저 간섭계 중력파 관측소(LIGO)'

출처: LIGO 홈페이지

사실 우리 모두를 스치고 지나간 2015년 9월 14일의 중력파는 너무나 미약했다. 그러나 그만큼 라이고 역시 굉장히 예민한 검출기였다. 4.2광년 떨어진 거리에서 사람 머리카락 폭보다 작은 길이의 변화가 있어도 이를 감지할 수 있다고 하니 말이다. 이는 양성자 지름의 1만 분의 1에 해당하는 크기만큼의 변화도 감지할 수 있는 정도라고 한다.

지금껏 우리가 우주에서 거리를 이야기할 때 가장 많이 쓰는 말은 '빛'이었다. 하늘에서 빛나는 별을 볼 때 우리는 그 '빛'을 통해 별의 모습과 별과의 거리를 유추해보곤 했다. 풍경의 사방에서 눈으로 들어오는 빛은 우리가 사물의 모습을 그려낼 수 있는 힘을 준다. 그런데 소리는 좀 다르다. 소리의 파장은 굉장히 길지만, 소리를 그림으로 그리기에는 어려움이 따른다. 대신 우리는 소리의 음색, 음조, 박자, 크기 등을 들음으로써 그 소리 뒤에 감추어진 이야기를 유추할 뿐이다. 우리가 음악을 들으며 과거로 시간 여행을 할 수 있는 원동력이기도 하다.

중력파는 우주가 우리에게 말하는 '소리'다. 그리고 2015년 9월 14일, 라이고는 이걸 들었다. 슈퍼 블랙홀 2개가 믹서기의 칼날 속도만큼 빠르게 회전하다 합해지면서 우주로 내던져진 소리. 우리는 이제 우주의 소리를 들음으로써 우주를 관찰할 수 있는 완전한 새로운 방법을 가지게 되었다. 빛도 통과할 수 없는 블랙홀을 중력파는 뚫고 지나간다. 우리도 알지 못하는 사이에 우리도 이미 뚫고 저 먼 우주로의 여행을 계속하고 있다. 이 중력파 덕분에 인간은 본 적도 없고 영영 볼 수도 없으며 상상할 수조차 없는 우주의 소리에 귀를 기울이게 되면서 이제 저 너머에 무언가 있다고 확신하게 되었다.

지금 어디에선가 우주는 계속 중력파를 통해 우리에게 말을 걸어오고 있다. 누군가 중력파가 무엇이냐 묻거든 '우주의 소리'라고 대답해보시라. 그만큼 근사한 대답이 또 없을 것이다.

세계 여러 나라가 앞다퉈 달로 가는 이유

×

항공우주학

어렸을 때부터 달은 하늘 위에 있는 내 가장 친한 친구였다. 달이 약 38만km 떨어진 아득히 먼 곳에 있다는 사실도 몰랐던 때다. 밤하늘의 달을 보며 '달은 어쩜 저렇게 항상 밝을까?' 마냥 신기해하던 기억이 난다. 가끔은 소원도 빌어봤다. 내가 달만 쳐다보자 부모님께서는 천체 망원경을 사주시기도 했다. 행복했던 기억이다.

겉보기와 다르게 사실 달이 아주 변덕스럽고 차가운 친구라는 걸 안 건 어른이 되어서였다. 토끼가 방아를 찧고 사는 줄 만 알았던 그 달에는 일단 대기가 없었다. 숨을 쉴 수 없는 곳이었던 것이다. 게다가 온도의 변덕도 심하다. 낮 최고 온도는 127℃에 달하고, 밤에는 영하 173℃까지 떨어진다. 중력도 지구의 약 1/6에 불과하다. 내가 보던 달의 모습은 앞면에 불과했고 더 울퉁불퉁하고 거친 뒷면은 따로 있었다.

호킹 박사는 "인류가 지구에만 머무르려 한다면 장기적인 미래를 얻을 수 없다. 우주로 나가는 것만이 인류가 스스로를 구하는 길"이라고 말했다. 인류의 우주 동경은 수십 년간 우주를 향해 유인 우주선을 띄우는 원동력이 되었고, 첫 발걸음은 변덕스러운 친구 달로 향했다.

달로 날아간 지구의 우주선들

달에 처음 도전장을 내민 건 소련이었다. 소련의 '루나 2호'가 1959년 9월 달에 충돌하는 것으로 그 첫 시도를 마무리했다. 이후 계속된 시도 끝에 '루나 9호'는 1966년 최초로 달 표면에 착륙해 지구로 달 사진을 전송했다. 소련과의 경쟁에서 진 미국은 1961년 '유인 달 착륙 계획'을 발표했다. 그 후 1968년 12월 '아폴로 8호'가 세계 최초로 유인 달 궤도를 도는 것에 성공한 데 이어 1969년 7월 '아폴로 11호'가 최초의 유인 달 착륙에 성공했다. 그 유명한 닐 암스트롱을 태우고 말이다. 미국 케네디 대통령이 1962년 "우리는 10년 안에 달에 착륙할 것"이라며 "그게 쉬워서가 아니라 어려워서 하려는 것이다."라고 한 말은 이렇게 현실이 되었다.

달에 정말 물이 있을까?

그 후 꽤 오랜 기간 인류는 달에 있을지 모를 '물'에 집착해왔다. 긴 연구 끝에 달에는 원자력을 청정에너지로 바꿔주는 '헬륨3'나 '티타늄' 같은, 지구에서는 귀한 친구들이 널려 있다는 걸 알게 되었기 때문이다. 또한 전 세계 매장량의 90%가 중국에 집중된 희토류도 달에 어마어마하게 매장되어 있었다. 그러니 물이 있을 가능성도 배제할 수 없었다.

결국 이 모든 걸 연구하려면 혹은 지구로 들고 오려면 사람이 달로 가야 한다. 어쨌거나 생명의 필수 조건은 물이다. 혹여라도 달에 물이 존재한다면 생명체가 살고 있을 가능성도 높아진다. 인류는 이 기회를 놓칠 수 없었다.

연구의 핵심이 된 지역은 달의 극지방이었다. 지구의 남극과 북극처럼 달에도 '극지'가 있다. 남극, 북극은 지구에서도 사람이 살기가 힘든 그런 지역이다. 그러니 달은 오죽할까. 달에는 태양이 아예 비추지 않는 '영구 음영' 지역마저 있다. 아무것도 보이지 않는 어둠, 즉 '무(無)'의 장소다. 이 추운 지역에 혹시 만년설처럼 녹지 않는 눈이나 얼음이 있지는 않을까?

이에 대한 답은 이미 나왔다. 달에는 물이 존재한다. 가장 먼저 물을 발견한 건 2008년 인도가 쏘아 올린 달 탐사위성 '찬드라얀 1호'였다. 달에 가 직접 물의 감촉을 느끼고 물의 존재를 알아낸 것은 아니었다. M3라 불리는 달 광물학 매퍼(Moon Mineralogy Mapper)를 통해 물의 입자를 발견하는 방식이었다. 같은 해 10월에는 나사가 팔을 걷어붙였다. 더 과감했다. 달의 극지에 충돌 실험을 했다. 이른바 '엘크로스(LCROSS; Lunar Crater Observation and Sensing Satellite) 프로젝트'였다. 충돌용 로켓을 달 남반구에 부딪히게 해 이때 피어오른 구름 기둥의 정보를 엘크로스 본체가 수집하도록 한 후 지구로 보낸 것이다. 이 속에는 얼음 알갱이들이 포함되어 있었다.

2020년에는 달 극지에서 물이나 산소 없이는 만들어질 수 없는 산화철 광물인 '적철석'이 확인되었다. 적철석은 이름이 좀 어렵게 느껴지지만 지구상에서 가장 오래된 광물, 그리고 가장 널리 퍼져 있는 광물이다. 쉽게 산화철이라고도 불린다. 산화철이라는 건 산소를 만나 녹을 형성하는 그런 철을 말한다. 진공 상태나 다름없는 달의 대기에서 산화철이라니. 산소가 없어 철도 녹슬지 않는 그런 환경인 줄 알았던 달에서 적철석이 발견된 것이다. 연구팀은 이 적철석의 위치가 물이 발견된 곳과 비슷한 구간이라고 설명했다.

2020년 10월에는 소피아(SOFIA) 탐사선을 통해 빛이 드는 달 표면의 크레이터에서도 물 분자 분광 신호가 포착됐다. 연구진은 물의 양이 토양 $1m^3$에 약 340g 정도일 것으로 추측했다. 물론 물이 지구에서와 같은 얼음이나 물 웅덩이 형태로 발견된 건 아니다. 하지만 중요한 건 어쨌거나 달에 물이 있다는 것이다!

인류의 영광이 될까,
공유지의 비극이 될까

아폴로의 쌍둥이 누나 아르테미스의 이름을 딴 '아르테미스 협정'으로 전 지구가 뜨겁다. 이 협정은 2024년까지 달에 유인 우주선을 보내고 2028년에는 달 남극 부근에 기지를 건설하는 게 목표다. 2020년 미국 주도로 일본, 영국, 호주 등이 협정을 맺었고, 2021년 6월에 한국도 아르테미스 협정에 합류했다. 총대를 멘 나사는 달을 화성 탐사를 위한 디딤돌로 삼겠다고 한다. 화성 탐사의 자원을 지구가 아닌 달에서 찾겠다는 것이다. 미지의, 한 번도 본 적이 없는, 불가능하게 여겨졌던 것들이 아르테미스 협정을 통해 이뤄지고 있는 듯하다.

중국은 '우주 굴기'를 내세워 독자적으로 달 탐사에 나섰다. 2019년 1월 세계 최초로 달 뒷면에 달 탐사선 '창어 4호'를 착륙시켰다. 달 뒷면은 지구인들이 본 적 없는 미지의 공간이다. 이어 2020년에는 1.7kg에 달하는 달 표본까지 지구로 들고 왔다. 독자적 우주정거장 '톈궁' 건설 계획도 차곡차곡 진행되고 있다. 벌써 우주정거장 핵심 모듈인 '톈허'는 이미 발사된 상태다. 노후화로 길어야 2028년까지만 운영될 예정인 국제우주정거장(ISS)의 대안이 나오지 않으면 지구 유일의 국제우주정거장은 중국 국기를 꽂고 지구를 돌 것이다.

우주 공간은 그동안 '인류 공동의 것'이었다. 유엔은 1967년 외기권 우주 조약을 발효했다. 당시만 해도 100개의 나라가 참여했었다. 핵심은 '달과 천체가 한 국가의 전유 대상이 될 수 없다는 것'이었다. 그러나 작금의 돌아가는 상황을 보면 미국과 중국의 무역 분쟁이 이제 경제 패권을 넘어 우주로까지 번지고 있다는 느낌을 지울 수가 없다.

달을 바라보며 위안을 얻던 많은 사람이 있었다. 나 역시 이제는 달이 토끼가 방아를 찧던 동화 속 달이 아니라는 걸 아는 어른이 되었지만, 아직도 밤이 되면 베란다 창문 사이로 고개를 내미는 달을 보면서 왠지 모를 위안을 얻곤 한다. 친구들과 가족들에게 달 사진을 찍어 보내기도 한다. 어쩌면 달은 미지의 세계여서 더 아름다운지 모른다. 호기심과 경외심으로 위험천만한 달로의 여정에 기꺼이 몸을 실었던 과학자들. 우주 탐사를 위해 오늘도 밤잠을 잊고 연구에 몰두하는 과학자들 덕에 조금은 더 달에 대해 알게 되었지만 말이다.

곧 달로 여행도 갈 수 있다고 한다. 또한 달 토지 소유권에 대해 법적 근거를 보장한다며 달나라 대사관을 운영하는 기업도 있다고 한다. 이러다 어느 날엔 정말 달의 토지 소유권 분쟁이 사회적 문제로 대두되는 건 아닌지 모르겠다. 그건 너무 각박하지 않은가. 너무나 아름다운 축복의 행성 지구, 그리고 그 옆을 지켜온 달. 앞으로도 달이 신비롭고 아름다운 우리의 '아르테미스'이길 빈다.

가르강튀아 블랙홀과 스티븐 호킹

×

천체물리학

몇 년이 지나도 여전히 회자되고 있는 명작 영화 〈인터스텔라〉에는 블랙홀 '가르강튀아'가 나온다. 흔히 블랙홀이라고 하면 빛도 빠져나오지 못하는 검은 구멍을 상상하기 마련인데, 영화 속에 등장한 블랙홀 가르강튀아는 밝게 빛나고 있었다. 빛나고 있던 건 사실 블랙홀 그 자체는 아니었다. 블랙홀의 소용돌이로 빨려 들어가며 서로 부딪혀 그 마찰로 가열되는 먼지와 가스들의 집합, '강착원반'이었다. 그들의 살려달라는 아

❖ 강착원반을 띠는 블랙홀의 모습 상상도

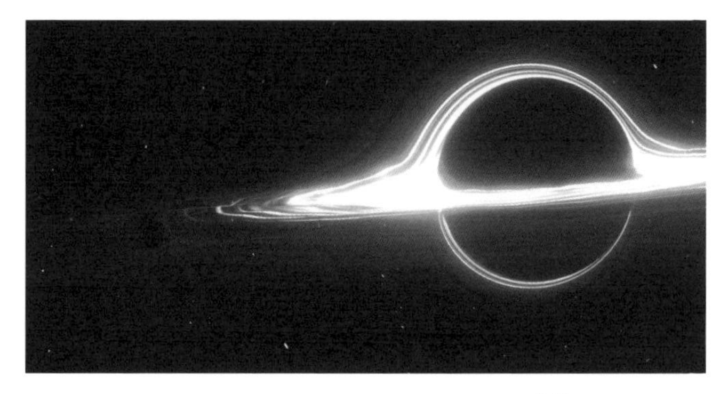

출처: Shutterstock

우성이 강력한 전파가 되어 빛난 것이다. 마치 마지막으로 자신의 존재를 온 우주에 알리려는 듯. 이때까지만 해도 이는 어디까지나 영화 속 이야기였다.

블랙홀,
최초로 모습을 드러내다

2019년, 인류는 영화가 아닌 현실에서 블랙홀을 만났다. 존재는 알고 있었으나 단 한 번도 성공해보지 못한 '블랙홀 사진 찍

❖ 인류 최초로 공개된 블랙홀의 모습

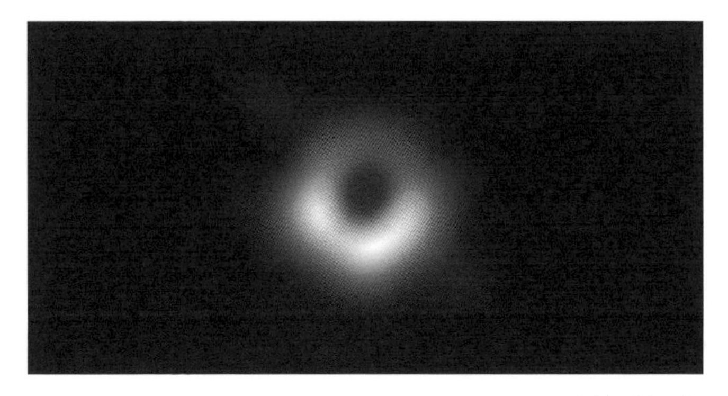

출처: wikipedia

기 프로젝트'에 지구 전 지역의 전파망원경과 과학자들이 합심했다. 빛의 속도로 5,500만 년이나 날아가야 만날 수 있는 메시에 87 은하, 그리고 그 은하에 있는 태양보다 65억 배 더 큰 질량을 가진 거대 블랙홀이 마침내 덩치 치고는 수줍고 흐릿한 첫 인사를 건넸다. 5,500만 년 전의 인사였다. 가장자리에는 상상대로 강착원반이 밝게 빛나고 있었다. 아래쪽 링이 더 밝은 이유는 '도플러 효과' 때문으로 분석되었다. 우리 쪽으로 다가오는 플라즈마는 밝게 빛나고, 우리로부터 멀어지는 플라즈마는 약하게 관측된 것이다.

물을 잔뜩 받아놓은 욕조에서 실수로 마개를 열면 물이 아래로 흘러내리며 소용돌이친다. 우리는 그걸 보고 '마개가 열렸구나.' '그 밑에는 구멍이 있어 물이 흘러내려 가고 있구나.' 하고 짐작할 수 있다. 보다 정확히 이야기하면 이 사진은 블랙홀을 찍은 사진은 아니다. 블랙홀의 실상은 '특이점(Singularity, 밀도나 중력의 세기가 모두 무한대인 공간)', 즉 블랙홀의 중심에 있다. 이 특이점이 상상 불가의 엄청난 중력으로 모든 걸 빨아들이고 있는 것이다.

블랙홀의 특이점은 자신의 존재를 드러내지 않는다. 사람들은 블랙홀과 블랙홀이 아닌 부분의 경계면인 '사건의 지평선'을 보고 블랙홀이 있다는 걸 짐작할 뿐이다. 마개 아래 구멍을 본 것이 아니라 물이 소용돌이치며 내려가는 걸 관찰한 셈이다. 서로 마찰을 일으키며 강력한 빛을 발산하던 물질들도 사건의 지평선을 넘어가면서부터는 말없이 블랙홀로 빨려 들어간다.

여기까지는 아마 대부분의 사람이 아는 상식일 것이다. 블랙홀로 들어가면 아무것도 다시는 못 나온다는 것. 그런데 블랙홀로부터 나오는 친구들도 있다. 스티븐 호킹에 따르면 블랙홀은 빨아들이기만 하는 건 아니다. 무언가를 뱉어내고 있기도 하다. 이중적인 친구다.

블랙홀이 뱉어내는 빛, 호킹복사

우주는 진공 상태다. 그렇다고 해서 단순히 물질이 없는 빈 공간은 아니다. 눈에 보이지 않는 입자와 반입자가 끊임없이 만나고 소멸한다. 그게 너무 짧은 시간 동안 일어나서 우리가 눈치채지 못할 뿐이다. 인간의 역사도 결국 만남과 소멸의 연속이지 않은가. 과정과 속도만 다를 뿐이다. 다만 입자들은 너무 작아 예측 불가에 제멋대로다. 심지어 블랙홀 옆도 두려워하지 않는다. 그리하여 겁도 없이 사건의 지평선 근처에서 생성과 소멸을 반복하던 입자들에게 일이 생긴다. 입자와 결합해야 할 반입자가 순간적으로 블랙홀 안으로 빨려 들어가버리는 것이다. 짝을 잃은 입자는 블랙홀 속으로 따라 들어가는 대신 사건의 지평선 밖에서 짝을 찾아 헤매기로 결심한다. 입자들의 안타까운 생존 전략이 블랙홀을 찬란하게 빛내는 것이다.

블랙홀 속으로 빨려 들어간 반입자의 운명은 얄궂다. 블랙홀 밖에 두고 온 입자 대신 블랙홀 내부의 입자와 붙어 소멸한다. 이런 식으로 블랙홀은 입자를 내뿜는 동시에 흡수해버린 반입자로 인해 질량을 잃어간다. 블랙홀의 끝도 역시 소멸이

❖ 호킹복사

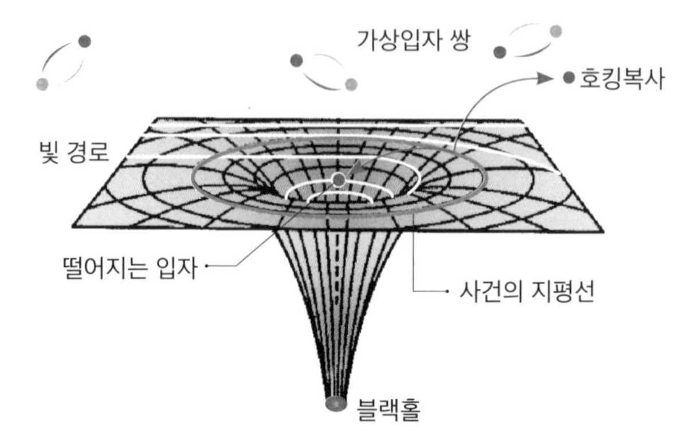

출처: Shutterstock

다. 이것을 우리는 '호킹복사'라 부른다. 물론 이 모든 과정이 일어나는 시간은 매우 길다. 인간은 절대로 그 끝을 보지 못하고 먼저 소멸해버릴 것이다. 더 허망해지는 건 이 모든 게 아직 증명되지 않은 생각들일 뿐이라는 점이다.

발을 보지 말고 별을 보라.

보이는 걸 이해하려 노력하고

무엇이 우주를 존재하게 하는가 상상하라.

호기심을 가져라.

삶이 아무리 힘들어 보일지라도

우리가 할 수 있고 성공할 수 있는 무언가는 항상 있다.

중요한 건 포기하지 않는 것이다.

스티븐 호킹이 살아 있을 적 마지막으로 남긴 강연에서 한 말이다. 기계음을 타고 오는 그의 음성이 마음 깊이 울림을 준다.

블랙홀의 비밀은 아직도 밝혀지지 않았다. 호킹복사도 증명되지 못했다. 인류는 이제 겨우 블랙홀의 희미한 사진 한 장을 건졌을 뿐이다. '순순히 어두운 밤을 받아들이지 마라.' 〈인터스텔라〉에 나온 영국 시의 한 구절처럼, 어두운 밤 속에 별 하나를 찾기까지 순순히 어두운 밤을 받아들이지 않았던 과학자들의 잠 못 드는 밤이 있었다. 한순간에 내가 블랙홀을 연구하는 과학자가 될 순 없다. 복잡한 물리 공식이 적용된 블랙홀에 관한 연구가 아무리 쉽게 소개되어도 이해하지 못할지도 모른다. 설사 그렇다 해도, 우리가 과학자는 아닐지라도, 문득 고개를 들고 별을 보자. 상상하자. 호킹이 남긴 말처럼 무엇이 우주를 존재하게 하는지 홀로 고독하게 사색해보자. 어이없게 들릴지도 모르지만 그러는 사이 우리가 찾고 있는지도 몰랐던 고민의 답이 이따금 유성처럼 지나가기도 하니까. 발 대신 별을 보러 고개를 드는 바로 그 순간에 말이다.

우리 눈에 보이지 않는 95%의 우주

×

암흑물질·암흑에너지

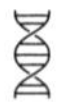

살아간다기보다 버텨내고 있다는 말이 더 어울리는 요즘이다. 언제는 안 힘든 시기였겠느냐마는 코로나19 시대를 통과하면서 '참자.' '버티자.'는 말을 일상 인사처럼 나누는 우리들의 모습을 보면 알 수 있다. 이런 때, 전쟁터 같은 삶 속에서 하루하루 버텨내기에 지친 당신에게 권하기 제격인 것이 내게는 '암흑물질'이다.

암흑물질과 암흑에너지,
누구도 볼 수 없지만 모든 곳에 존재하는 것

가끔 전철을 타고 가다 보면 이런 생각이 든다. '세상에 사람들 참 많구나'. 인간이 만들어낸 무수한 건물들, 인간과 공생하고 있는 크고 작은 동물들, 우리가 사랑하는 사람들, 비행기를 타고 몇 시간을 걸려 날아가면 나오는 전혀 다른 생김새의 사람들, 고개를 들면 보이는 파란 하늘, 정월 대보름에 걸맞게 밝고 크게 빛나는 달, 그 너머의 태양, 은하, 은하 너머의 은하, 빛의 속도로 2천억 년을 가도 나온다는 끝도 없는 별의 집단들. 다 너무 신비롭고 놀랍다. 그런데 우리가 여태까지 이해하고 관찰한, 그 어마어마하다는 말조차 쉽사리 나오지 않는 이 모든 것이 전 우주의 약 5%라고 이야기한다면 어떨까? 선뜻 '아 그렇구나….' 하고 아무렇지 않게 받아들일 수 있는 사람이 몇이나 될까.

우리가 밝혀낸 세상은 사실상 우리의 전부다. 그렇게 믿기에 이 세상은 우리에게 충분히 크고 광활하다. 적어도 지금까지는 그랬다. 그러나 사실 우리는 우리가 아는 게 이게 다라는 이유로 5%에 불과한 것들을 세상의 전부로 착각하며 살아오고 있었다.

우리가 아는 5%를 제외한 우주의 나머지 95%를 차지하는 것들에는 '암흑'이라는 글자가 붙는다. 암흑물질과 암흑에너지가 바로 그것이다. 이 넓은 우주에서 암흑물질은 27%, 암흑에너지는 68%가 그 자리를 차지하고 있다고 한다. 그렇다면 우리가 우주의 95%를 보지 못하는 이유는 간단하다. 우리가 보는 법을 모르기 때문에 보이지 않는 것이다. 이 물질과 에너지는 수학에서 풀지 못한 미지수 X 같은 존재다. 그래서 인류는 여기에 '암흑'이라는 이름을 갖다 붙였다.

듣기만 해도 뭔가 어둠의 자식처럼 들리지만 암흑물질은 사실 '투명'한 물질이다. 블랙홀이 빛을 흡수해버린다면, 암흑물질은 빛도 의식하지 않는다. 암흑물질은 빛을 흡수하지도, 그리고 방출하지도 않는다. 이것이 블랙홀과 암흑물질의 차이다(참고로 암흑물질에서의 '물질'은 원자로 구성된 것들을 말한다. 암흑물질을 구성하는 입자의 정체는 아직 밝혀지지 않았다. 암흑에너지는 물질은 아닌데 무언인지 알 수는 없는 '에너지'라는 뜻에서 1998년 마이클 터너가 사용하면서 암흑에너지라 불리게 되었다).

은하단의 팽창 속도를 구하다
발견된 암흑물질

누군가 갑자기 '투명인간'이 되었다고 가정해보자. 그가 빈 허공에 대고 여기 투명한 사람이 있다고 말하면 누가 믿어줄까. 증거가 있어야 하지 않을까? 그러나 쉽게 믿기 힘든 주장을 하는 사람들은 내가 아닌 세계적인 과학자들이다.

1933년 프리츠 츠비키라는 과학자는 머리털자리 은하단(Coma Berenices Cluster)의 속도를 연구하고 있었다. 지구에서 약 3억 광년 떨어진 곳이었다. 이 은하단은 1천 개가 넘는 은하로 구성된 슈퍼 은하단이었다. 그는 1870년 탄생한 '비리얼 정리(virial theorem)'를 활용해 은하들의 팽창 속도를 연구하고 있었다.

비리얼 정리는 운동에너지와 위치에너지를 관련짓는 공식이다. 츠비키는 이걸 은하단에 적용했다. 은하단 속의 은하들은 하늘을 나는 철새 무리처럼 안정적인 상태로 묶여 있다. 만일 운동에너지가 더 커지면 소속 은하들은 밖으로 흩어져 뻗어나갈 것이고 위치에너지가 더 커지면 천체는 서로 잡아끌며 좌충우돌할 것이다. 결국 은하단 안에 있는 1천 개의 은하를 뭉치게 하는 힘(중력)이 철새들이 흩어지지 않고 적당히 떨어져서 하늘을 날아가는 것처럼 은하단을 유지하는 것이다.

은하단이 끊어진 고무줄처럼 흩어지거나 서로 부딪히지 않게 하기 위해 은하단에 필요한 중력을 계산해본 츠비키는 여기서 암흑물질의 힌트를 얻게 된다. 관측된 천체의 질량보다 400배나 많은 질량이 그곳에 있어야 지금 상태의 은하단이 유지된다는 계산이 나왔기 때문이다. 예를 들어 10kg쯤 되는 무거운 택배가 문 앞으로 배달되어 낑낑대며 택배를 집 안으로 들여왔는데, 그 안에 2kg쯤 되어 보이는 작은 물건이 들어 있었다고 가정해보자. 여기서 택배 상자 속 물건이 은하단이라면 그 물건을 뺀 나머지의 투명한 무언가가 8kg을 차지하고 있었다는 이야기다. 여기서의 그 투명한 무언가가 바로 츠비키가 말하는 암흑물질이다. 좀 더 쉽게 비유해보면 이건 시소의 균형을 맞춰나가는 과정이다. 가벼운 친구와 무거운 친구가 시소의 양 끝에 앉으면 시소는 무거운 친구 쪽으로 기울기 마련이다. 이 시소의 평행을 맞추는 방법은 간단하다. 가벼운 친구 쪽에 다른 가벼운 친구 한 명이 더 와서 평행을 맞춰주면 되는 것이다. 암흑물질은 이때 안 보이게 균형을 맞추는 친구라고 볼 수 있다.

보이지 않는 에너지가 우주를 팽창시킨다?

암흑에너지에 대해서는 알려지지 않은 게 알려진 것보다 많다. 나사조차도 암흑에너지가 "75억 년 전부터 가속화되고 있는 우주의 팽창에 어떤 관여를 하고 있는 것을 빼면 완전한 미스테리"라고 했다. 여기서 아인슈타인의 위대함이 다시 드러난다. 그가 정상우주론의 근거로 사용했다가 나중에 "최대의 실수"라고 철회한 '우주상수' 덕분이다. 우주상수를 암흑에너지에 대입해보면 '우주에서는 빈 공간도 자신만의 에너지를 갖는다'는 것이, 그러니까 암흑에너지에 의한 우주의 가속 팽창도(물론 확실하진 않지만) 말이 된다.

매일 아침 마시는 아메리카노 한 잔을 비롯해 가족, 친구, 내가 사랑하는 모든 것은 때론 너무 당연해서 잘 느껴지지 않는다. 대부분의 사람들이 자신이 힘들 때 혹은 사랑하는 이들이 부재할 때 그들의 존재를 깨닫곤 한다. 우리도 모르게 우리 인생의 대부분을 차지하고 있는 소중한 것들을 막상 우리 자신은 잘 느끼지 못하고 살아가고 있다. 그런 면에서 우리의 소중한 것들은 우주 대부분을 차지하는 이 95%와 참 닮아 있다.

누가 우리에게 그 존재를 상기시켜주지 않는 한 우리는 암흑물질이나 암흑에너지에 대해 평생 인지하지 못한 채 죽을 것이다. 사실 암흑물질들은 우리 곁에 널려 있는데 말이다. 정말 중요한 것들은 이처럼 실은 잘 보이지 않는 것들이다. 그 소중함을 알더라도 제쳐두고 잘 찾지 않게 되는 것들이다. 이 글을 계기로 나에게 암흑물질과 같은 존재는 무엇인지 생각해보는 건 어떨까. 조용히 내 삶의 95%를 채워주고 있는 무언가. 그 무언가에 대하여 잠시 골몰해보는 일이 이 우주를 이루는 95%의 암흑물질과 암흑에너지를 떠올리는 일하고 크게 다르지 않을 것이다.

이 세상 만물이 끈으로 이뤄져 있다니

×

끈 이론

고등학교 시절, 수학 문제를 풀 때 모른다고 답안지를 보지 말고 1시간이건 2시간이건 고민해보라는 조언을 들었다. 당시 인터넷 강의 선생님이 해주신 이 말을 듣고 야자 시간에 무려 3시간 동안 수리영역 한 문제를 풀었다. 유레카! 4점짜리 문제를 3시간의 고민 끝에 풀어냈을 때의 쾌감은 아직도 생생하다. 내가 이랬을진대 달과 사과가 같은 힘을 받아 지구로 떨어지고 있다는 걸 알아냈던 뉴턴 할아버지와, 알고 보니 그 힘이 지구의 무게가 만들어놓은 시공간의 골짜기를 따르는 데서 왔다는 걸 알아냈던 아인슈타인 박사님은 얼마나 기뻐셨을까? 우리 셋의 공통점은 답안지를 보지 않고 '수학'의 기쁨을 느꼈다는 것이다. 나야 나에게만 어려운 문제를 답안지를 안 보고 풀어냈을 뿐이지만, 뉴턴도 아인슈타인도 우주에 발 한 번 내딛지 않고 우주 만물의 법칙을 풀어낸 수학 공식을 만들어냈으니 정말 대단하다는 말로도 표현이 안 되는 분들이다.

뉴턴과 아인슈타인의 세계를 뒤집은 미시 세계의 양자역학

새것은 옛것에게 길을 내준다. 수학의 아름다움도 늘 더 새로운 아름다움으로 증명되곤 했다. 뉴턴의 고전역학 다음을 장식한 것이 아인슈타인의 공식이었고, 아인슈타인의 일반상대성이론 역시 이내 또 다른 도전을 받았다. 그게 '양자역학'이었다. 사실 뉴턴과 아인슈타인은 서로 완전 다른 생각을 기반으로 우주의 공식을 풀어냈지만 그 생각의 근원은 같았다. '이 세계는 매우 질서 정연한 곳'이라는 것이었다. 뉴턴과 아인슈타인이 고개를 들어 큰 것을 보는 사이 작은 것의 작은 것을 뚫고 들어간 과학자들은 '양자역학'을 내놓았다. 양자역학의 영역인 미시 세계는 지금까지의 논리로 설명할 수 없는 것이었다. 미시 세계는 확률이 모든 걸 결정했다. 뉴턴과 아인슈타인이 생각하던 질서정연한 곳이 아니었다. 아인슈타인이 "신은 주사위를 던지지 않는다."는 말로 미시 세계의 확률을 부정했을 때 닐스 보어가 "신에게 이래라 저래라 하지 마시오."라고 했다니, 미시 세계 연구자들도 만만치 않은 상대들이었다.

아인슈타인에겐 시간이 더 필요했다. 큰 세계에서는 너무나 잘 성립하는 아인슈타인의 일반상대성이론이 미시 세계에서는 통하지 않는 모순을 그도 알고 있었다. 특히 중력이 문제였다. 전자기력이든 강력이든 약력이든 모두 주어진 시공간에서 입자들이 상호작용을 일으킨다. 음식을 주문하면 이를 가져다주는 배달부가 있다는 것이다. 그런데 중력은 입자들의 상호작용이 아닌 그냥 시공간 자체가 변화한다고밖에 설명할 길이 없었다. 배달을 시키지 않았는데 문 앞에 음식이 와 있는 것처럼 말이다. 다른 힘들과는 달랐다.

우리 모두는 결국 작은 것들의 집합체다. 우주조차 말이다. 큰 것과 작은 것의 본질은 결국 같다. 그러니 미시 세계에서 설명하지 못한 무언가가 남았다는 건 분명 아직 해결하지 못한 과제가 있다는 뜻이었다. 아인슈타인은 세상을 떠나기 전까지 중력, 양자역학, 전자기학 등 세상 모든 것을 아우르는 단 하나의 공식을 찾으려 부단히 애썼다. 그러나 시간은 그를 기다려주지 않았다. 따라서 그가 못다 이룬 그 어려운 일에 후대 과학자들이 도전했다.

중력도 다른 세 힘처럼 중력을 매개해주는 기본 입자 '중력자'가 있을 것이란 가정이 출발점이었다. 중력은 다른 세 힘보다 훨씬 약하다. 하지만 아무리 먼 거리에 있더라도 작용한다. 그렇다면 지구나 태양 같은 거대한 물체 속에서 작디작은 중력자들의 상호작용이 모여 큰 힘을 발휘하는 것이 아닐까. 이 가정을 완성시켜준 것은 바로 '끈 이론'이었다.

끈 이론이란 무엇인가

끈 이론은 '태양에 있는 물질 입자들이 중력자를 방출하고, 그 입자들(중력자)이 다시 지구에 있는 물질 입자들에 의해 흡수되는 것'이 태양이 지구에 미치는 중력이라고 봤다. 입자의 방출과 흡수를 끈이 분할되거나 결합되는 과정으로 본 것이다(스티븐 호킹은 그의 저서 『시간의 역사』에서 이 과정을 H형 튜브에 비유했다. H형 튜브에서 양쪽의 두 수직 변은 각각 태양과 지구의 입자이고 그 사이를 수평으로 가로지르는 선이 중력자라는 것이다).

뉴턴 시대 3차원의 모순을 해결하기 위해 아인슈타인이 4차원의 세계를 생각해낸 것을 기억하는가. 과학자들은 이번엔 세상에서 제일 작은 무언가를 '점'이 아닌 '끈'으로 바꾸는 시도를 했다. 전자와 쿼크를 넘어 현존하는 기술로는 관측하지 못하는 물질의 더 작은 근원을 찾아 올라가면 그곳에 진동하는 에너지 줄, 끈이 있을 것이라는 것이었다.

나같이 기타를 못 치는 사람들이 기타 줄을 튕기면 둔탁한 진동음만 난다. 하지만 명연주자가 기타 줄을 튕기면 명곡이 흘러나온다. 마찬가지다. 끈이 어떻게 움직이느냐에 따라 입자는 달라진다. 수많은 방법으로 진동해 만들어지는 각자 다른 힘. 이게 사실이라면 중력, 강력, 약력, 전자기력이 끈 이론 하나로 묶일 수 있다.

아이러니한 건 이 역시 수학 공식이라는 것이다. 끈 이론의 수학 공식은 3차원도 아니고 4차원도 아닌 10차원에서 완벽해

❖ 끈 이론

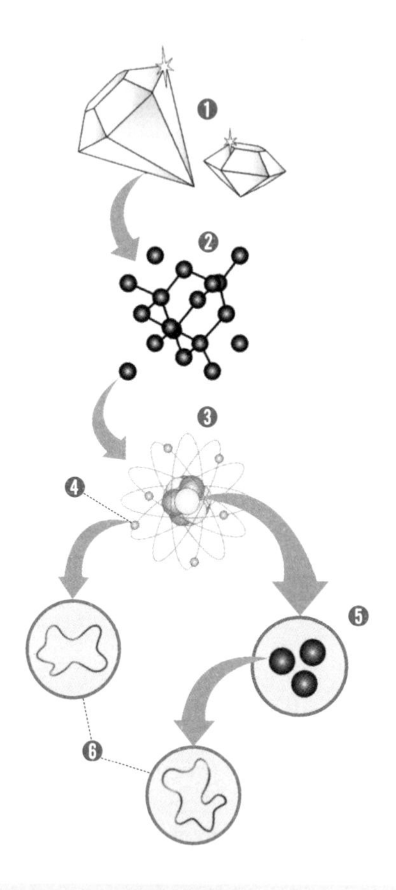

끈 이론에 의하면 모든 물질은 궁극적으로 아주 작은 끈으로 이뤄져 있다. ①거시적인 물질, ②분자, ③전자와 양성자, 중성자로 구성된 원자, ④전자, ⑤쿼크로 구성된 양성자와 중성자, ⑥끈.

출처: wikipedia

졌다. 1984년 칼텍의 존 슈워츠와 런던대 마이클 그린이 10차원 초대칭 끈 이론을 내놓은 것이다. 그렇게 서로가 가장 아름다운 수학 공식이라 주장하는 10차원으로 된 5개의 끈 이론 공식이 세상에 나타났다. 그러다 1995년, 이 10차원에 1차원을 더해 11차원이 된 끈 이론이 나왔고, 앞선 5개의 끈 이론이 이 11차원 끈 이론의 서로 다른 축소판이라는 사실이 발표되었다. 무슨 얘기인지 얼떨떨할 수 있다. 과학자들도 그랬는지 여기에는 마술, 미스테리, 막 등의 앞 자를 따서 M이론이라는 이름이 붙었다.

이 공식을 말로 설명해보면 이렇다. 더운 여름날 카페에서 테이크아웃 해온 빨대가 꽂힌 감귤 에이드를 먹다가 공원 의자 위에 올려두었다고 가정해보자. 개미들이 곧 그 빨대 위를 누빈다. 멀리서 지켜보는 우리의 눈에 컵 속의 빨대는 '선'이다. 그러나 그 위를 올라탄 개미에게 그 세상은 생각보다 복잡한 곳이다. 우선 개미에게 빨대는 선이 아닌 둥근 원형의 무언가다. 따라서 개미는 빨대의 겉면을 뱅글뱅글 돌아서 오를 수도 있고, 빨대 안, 즉 개미의 입장에서는 가운데가 뚫린 긴 터널 안으로 들어갈 수도 있다. 우리의 세계도 마찬가지다. 안으로 안으로 파고들어 가면 그 안에는 또 다른 원통형 빨대 모양의 세계가 있을 수 있다. 어디 원통뿐일까. M이론에 따르면 막으로 둘러싸여서 복잡하게 진동하는 소우주 같은 것들이 여기저기 널려 있을지도 모른다. 혹시 아는가. 그 안에 또 다른 무언가가 살 수 있을지도.

물론 어디까지나 상상이고 아름다운 수학 공식일 뿐이다. 다만 결국 이걸 보는 방법은 가까이 다가가는 방법뿐이라는 거다. 그런데 우리는 그걸 할 수 없으니 누군가 가까이 다가가 보기를 기다리는 수밖에. 그때까지는 '뭐 이런 11차원 같은 말이 다 있어?' 하고 읊조릴 수밖에는 없는 듯하다.

상상할 수 없는 우리의 세계

우리 우주에는 우리가 진실이라고 믿고 살고 있는 법칙이 있다. 빛의 속도는 유한하지만 엄청 빠르다든지, 나는 우주 유일의 존재라든지. 그러나 아직 모르는 것도 많다. 우리는 어떻게 태어났고, 죽으면 어디로 가는 걸까? 무엇이 과연 진실일까? 전자기력, 강력, 약력, 그리고 마침내 중력까지 통합한 끈 이론은 이 세상의 모든 근원적인 힘을 하나로 묶었다. 과학자들은 아름다운 수학 공식으로 우리 세계를 표현해왔고 이제 그 수학 공식은 우리의 세상이 11차원이라 말한다.

몸이 3개였으면 좋겠다는 말을 자주 한다. 잠자는 나, 여행하는 나, 일하는 나. 11차원은 혹시 이런 세상을 허락해줄 수 있지 않을까? 11차원이 진짜 있다면 말이다. 11차원이 없다고 할지라도 이런 상상은 우리와 이 세계를 더욱 신비로운 존재이자 놀라운 공간으로 느껴지게 할 것이다.

134340,
한때는 행성이었던 왜소행성

×

명왕성

'그럴 수만 있다면 물어보고 싶었어, 그때 왜 그랬는지 왜 나를 쫓아냈는지.' 방탄소년단이 부른 노래 〈134340〉은 이런 가사로 시작한다. 이 노래의 제목인 134340은 2006년에 태양계에서 쫓겨난 명왕성의 새 이름이다. 노래 가사의 말마따나 한때 태양계에 속했던 명왕성은 이제 그냥 태양계 외곽 쪽 카이퍼 벨트의 왜소행성이 되었다. 그나마 위안이 되는 건 명왕성의 설움(?)을 담은 이 노래를 나사가 2024년 달로 떠날 아르테미스 달 탐사선에 우주인들을 위한 노래로 실을 계획이라는 소식이다.

행성이란 무엇인가?

명왕성이 처음 발견된 건 1930년이었다. 미국의 천문학자 클라이드 톰보는 천왕성 주위를 도는 무언가가 있다며 하늘을 샅샅이 뒤진 끝에 해왕성과 명왕성을 찾아냈다. 명왕성은 카이퍼 벨트라 불리는 곳에 위치해 있었다. 벨트처럼 동그란 띠 모양으로 수천 개의 천체들이 무리지어 사는, 태양계의 외곽 지역에 위치했던 것이다. 문제는 명왕성과 비슷한 친구들이 그 이후 계속 발견되었다는 점이었다.

명왕성의 태양계 퇴출에 결정타를 날린 건 마이크 브라운이라는 미국의 천문학자였다. 그는 2005년 명왕성 근처에서 '에리스'라는 새로운 행성을 찾아냈다. 당시 에리스는 명왕성보다 더 큰 것으로 관측이 되었고 태양에서 더 멀리 있었다. 그리하여 2006년, 마침내 국제천문연맹에서는 이런 질문이 나오게 된다. “행성이란 무엇인가?” 과학자들은 결국 행성의 조건을 명문화한다.

1. 태양 궤도를 돌아야 한다.
2. 충분한 질량과 중력을 유지해 원에 가까운 모습을 가져야 한다.
3. 궤도 주변을 청소할 수 있어야 한다.

명왕성은 ‘궤도 주변을 청소’할 수 있어야 한다는 마지막 조건을 충족시키지 못했다. 주변에 명왕성을 크게 신경 쓰지(?) 않는 소천체가 여럿 있다는 것은 결국 명왕성이 이들에게 큰 영향을 미치지 못하고 있다는 증거였다. 그렇게 명왕성은 지구인들에게 ‘행성’에 대한 정의를 선물하고 마침내 행성에서 퇴출되었다. 에리스의 발견자인 마이크 브라운에겐 명왕성 킬러라는 별명이 붙었다. 미국인이 발견한 유일한 행성 명왕성은 미국인들에게 아픈 손가락이 되었다. 한편에서는 명왕성 퇴출은 안 된다며 시위를 하는 사람들도 있었다. 2008년 국제천문연맹이 명왕성 같은 왜소행성에 ‘플루토이드’라는 이름을 붙여주긴 했지만 아쉬움은 감출 수가 없었다.

얼음 심장을 가진 명왕성

아이러니하게도 명왕성이 퇴출된 2006년, 탐사선 뉴호라이즌스호는 명왕성을 발견한 톰보의 유골을 담고 지구로부터 48억km 떨어진 명왕성으로 향한다. 지구에서 명왕성까지 걸리는 시간은 빛의 속도로도 4시간 30분. 마음이 급했다. 뉴호라이즌스호는 2007년 목성을 지나며 목성의 중력을 이용해 속도를 높이는 '플라이 바이'라는 기술을 사용했다. 지구를 떠난 지 9년 후, 왜소행성이 된 명왕성에 도착한 뉴호라이즌스호는 명왕성의 사진을 지구로 보내주었다.

명왕성에 도착하기 전 지구인들이 생각했던 명왕성은 아무런 활동도 하지 않는 죽음의 행성이나 다름없었다. 그러나 도착해서 본 명왕성은 달랐다. 〈겨울왕국〉의 엘사가 태양계 어딘가에 자리를 잡아야 한다면 이곳에 자리를 잡았을 것이다. 지구의 달보다 작은 행성이었지만 명왕성은 약 1,500km에 달하는 하트 모양의 빙하를 가지고 있었다. 푸른 하늘과 주위를 도는 유성, 로키산맥만큼 높은 얼음산들을 가지고 있었다. 눈도 있었다. 뉴호라이즌스호가 9년이나 걸려 조우한 명왕성은

❖ 뉴호라이즌스호가 촬영한 명왕성(왼쪽)과 명왕성 대기의 연무 층(오른쪽)

출처: NASA

죽음의 얼음덩어리가 아니었던 것이다.

사실 명왕성은 심장을 가지고 있다. '명왕성 하트'라고 불리던 이것에 나사는 명왕성을 발견한 톰보의 이름을 따서 톰보 영역(Tombeaugh Regio)이라는 이름을 붙였다. 또 이 명왕성의 심장에는 '스푸트니크 평원'이라 불리는 거대한 질소 빙하가 있는데, 질소 얼음덩어리들이 조각나 둥둥 떠다니는 곳이다. 이 빙하는 태양계 그 어디에서도 보지 못한 매끈한 표면을 자랑한다. 마치 어디에선가 엘사가 나타나 궁전의 터로 자리 잡을 것만 같다. 얼음덩어리 안에는 거대한 슬러시 바다가 숨어 있을 가능성도 있다고 한다. 미국 애리조나대 연구진들은 묵

직한 푸른 피를 숨기고 있는 이 하트의 좌심실이 너무나 무거웠던 나머지 명왕성의 자전 축을 바꿨다는 추측을 내놓기도 했다. 어쨌든 지구보다 나이가 많은 명왕성이 이런 매끈한 평원을 가진다는 건 지금도 지질 활동이 계속되고 있다는 뜻이다. 영하 200℃가 넘는 차가운 왜소행성 명왕성은 뜨거운 심장을 가진 노장인 셈이다.

알 수 없는 또 다른 무언가
플래닛 X

다시 카이퍼 벨트 이야기로 돌아가보자. 과학자들의 눈은 아직도 카이퍼 벨트와 그 너머의 오르트 구름에 쏠려 있다. 카이퍼 벨트 안의 얼음 물체들은 태양계 형성에 채 쓰이지 못하고 남겨진 잔해들이기도 하다. 해왕성이 중력으로 행성들을 교란하지만 않았다면 함께 뭉쳐 큰 행성으로 합해졌을지 모르는 것들이다.

과학자들은 태양계 끝에 제9의 행성이 숨어 있다고 생각하고 지금도 열심히 그 행성을 찾고 있다. 카이퍼 벨트 천체 중

❖ 카이퍼 벨트, 오르트 구름의 상상도

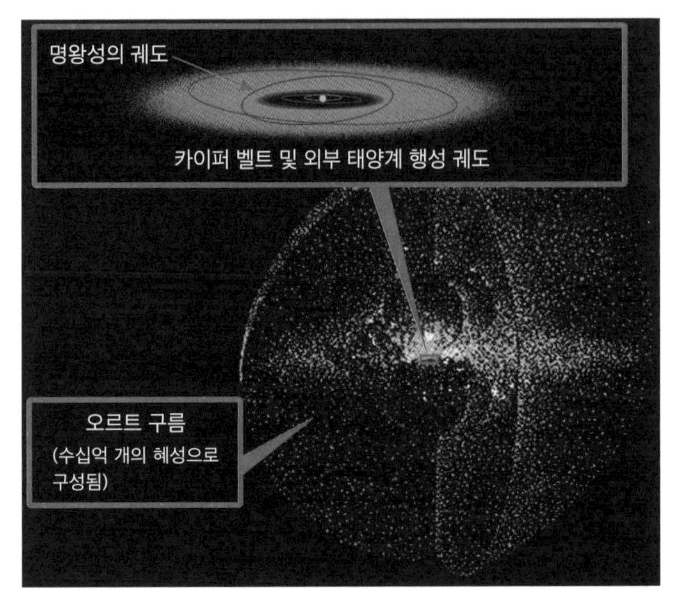

출처: wikipedia

일부가 무언가에 끌린 것처럼 이상한 궤도를 돌고 있기 때문이다. 지구 질량의 10배에 달하는 것으로 추정되는 그 무언가에 과학자들은 '플래닛 X'라는 이름을 붙여둔 상태다. 이 정도 크기면 관측이 되고도 남았을 텐데 보이지 않으니 블랙홀이라는 주장도 나오고 있는 상황이다.

우리가 명왕성을 놓고 행성이니 왜소행성이니 평가하는 동안 명왕성은 태양계의 타임캡슐을 간직한 채 오늘도 그 자리에 그렇게 있다. 명왕성은 우리에게 카이퍼 벨트와 그 너머의 오르트 구름으로 가는 첫 여정을 소개해준 고마운 친구다. 설사 제9의 행성이 나온다 해도 인류는 명왕성을 쉽게 잊지 못할 것이다. 알고 보니 심장을 가지고 있었던 행성, 〈겨울왕국〉의 엘사에게 소개해주고 싶은 행성. 명왕성에게 말해주고 싶다. 지구인들은 명왕성을 지우지 않았고, 놓치지도 않았으며, 잊지도 않았다고. 뉴호라이즌스호를 통한 하루 동안의 짧은 만남을 되새기고 또 되새기며 다시 명왕성을 만날 날만을 기다리고 있으니까 말이다.

별에서 온 그대!
외계인 찾는 과학자들

2000년 전 그리스 학자 메트로도로스는 "이 우주에 우리밖에 없다는 건 넓은 논에서 쌀 한 톨밖에 자라지 않는 것과 같다."라고 말했다. 밤하늘을 수놓는 별들을 보며 했을 생각이리라. 전기의 아버지로 유명한 니콜라 테슬라는 이미 1800년대 후반 고향 콜로라도에 거대한 탑을 세웠다. 전자파를 보내고 받는 것으로 우주와 통신할 수 있다고 믿었기 때문이다. 그는 화성 외계인과의 교신에 성공했다고 믿었다. 화성에서 온 신호를 들었다며 기자들에게 말하지 말라는 메세지를 나사에 보내기도 했으니 그의 기쁨이 얼마나 컸는지 짐작할 만하다. 이미 화성에 발을 디뎌본 인간에게 '화성인'의 존재는 아직까지 크게 와닿지 않는 상황이지만 어쨌든 그는 20세기 후반부터 시작되어 현재까지 이어지고 있는, 우주의 전파를 수신해 분석하며 외계 문명을 찾으려는 과학자들의 프로젝트 세티(SETI; Searching for Extra-Terrestrial Intelligence) 프로그램의 선구자인 셈이다.

외계인이 존재할 확률을 구하는 식

세티 프로젝트는 외계 지적 생명체가 보낸 '전파'를 잡아내는 걸 목표로 하는 과학자들의 프로젝트다. 단 한 번도 증명되지 못했던 외계인의 존재를 밝히기 위해 세티 프로젝트에 도전한 건 미국의 천문학자들이었다. 모리슨과 코코니라는 두 천문학자가 1959년 9월《네이처》에 관련 논문을 발표했고, 비슷한 시기에 하버드대학의 프랭크 드레이크라는 대학원생은 26m짜리 전파 망원경으로 고래자리 타우별에 신호를 보내는 오즈마 프로젝트를 시작했다. 그는 외계인이 존재할 가능성을 '수학'으로 풀어내기도 했다. 이른바 드레이크 방정식이다.

$$N = R^* \times f_p \times n_e \times f_l \times f_i \times f_c \times L$$

복잡해 보이지만 식의 원리는 간단하다. 은하계에서 지적 생명이 발전하는 데 적합한 태양과 같은 항성이 존재할 확률에, 그 항성이 지구와 같은 행성을 가질 확률, 그 행성계가 생명에 적합한 환경일 확률, 다시 그 행성에서 생명이 발생할 확률, 그 생명이 문명체로 진화할 확률, 그 지성을 가진 생명체가 다른 천체와 교신할 수 있는 통신 기술을 가질 확률, 마지막으로 그런 문명이 존속할 수 있는 기간을 곱하면 된다. 어느 것 하나 확실한 답이 없는 식이었고 타우별에서 어떤 신호를 포착하지도 못했지만, SF 영화 속 꾸며낸 이야기에 불과하던 이러한 상상은 외계인 과학적 탐사에 대한 새로운 길을 열었다. 과학자들마다 다른 답을 내놓긴 했지만 2020년 영국의 한 연구진은 우리와 소통할 수 있는 지적 문명이 우리 은하계에 36개나 존재한다는 답을 내놓기도 했다.

세티 프로젝트의 우여곡절

과학자들이 책상 앞에 앉아 방정식만 풀었던 건 아니다. 드레이크가 포문을 연 세티 프로젝트는 지금도 전파를 통해 외계인을 찾고 있다. 인간이 쏘아 올린 인공위성의 수많은 잡음을 뚫고 저 먼 심연의 우주로부터 오는 인공 전파신호를 감지하는 방법을 쓰고 있다. 외계인의 얼굴을 망원경으로 들여다본다거나 하는 눈길이 확 가는 프로젝트는 아니다. 고도로 발달한 외계인이 지구에서 사방으로 날아다니는 TV 전파, 라디오 전파 등을 포착한다고 해도 우리의 생김새까지는 보지 못하는 것과 마찬가지다.

이 과감하고 무모해 보이는 아이디어에 초창기엔 미국 정부도 협조적으로 지원을 보냈다. 1984년 '우주에 인간밖에 없으면 공간의 낭비'라고 주장했던 칼 세이건도 여기에 힘을 보탰다. 야심차게 시작했지만 예상하시다시피 외계인 찾기가 그렇게 쉬운 일이 아니었다. 50년 동안 외계인의 그림자도 발견하지 못한 세티 프로젝트에 결국 정부는 지원을 끊었다. 마이크로소프트 창업자 폴 앨런과 빌게이츠 재단 등이 돈을 댔지만 턱없이 부족했다.

의미 있는 성과가 없진 않았다. 1977년 미국의 한 천문학자가 72초간 아주 강한 전파 신호를 포착했다. 무려 1,420GHz. 숫자로도 표현이 안 되어 알파벳으로 적어야 할 정도로 강한 신호였다. 이걸 발견한 사람이 너무 놀라 감탄사 '와우(Wow)'

❖ 아레시보 천문대

출처: Shutterstock, wikipedia

를 적어놔서 이 신호는 와우 시그널이 되었다. 안타깝게 숱한 노력을 했지만 아직 그 이후 같은 신호를 또 다시 수신하지는 못했다.

영화 〈컨택트〉의 주인공이 외계에서 온 신호를 포착하던 바로 그 아레시보 천문대에서는 외계인에게 메시지를 보내기도 했다. 우리가 쓰는 10진법, 인간의 모습, DNA, 태양계 등을 0과 1의 이진수로 담았다. 한 줄에 23자, 73줄로 나열된 1,679비트의 메시지를 지구로부터 빛의 속도로 2만 1천 년을 날아야 나오는 아름다운 별들의 고향 M13 성단으로 쏘아 올렸다. 설사 그들이 이걸 받고 '드디어 우주의 동지를 찾았구나!' 한들 2만 1천 년 뒤 인류는 이미 지구에 존재하지 않을지도 모르겠다.

지난 2015년에는 러시아의 기업가 유리 밀너가 "10년간 1억 달러를 기부하겠다."고 선언하면서 '브레이크스루 리슨(Breakthrough Listen)'이라는 새로운 프로젝트가 시작되었다. 이 프로젝트는 2020년 말, 지구에서 빛의 속도로 4.2년을 날아가면 나오는 프록시마 켄타우리 근처에서 외계 신호를 포착했다는 이야기를 전해왔다. 여기에는 생명체가 있을 거라고 추측되어 왔던 '프록시마 b'가 있다. 세티에선 이 소식을 듣고 지구에서 오는 수많은 잡음일 가능성이 크다고 지적하긴 했지만 정답은 아무도 모른다. 그 누구도 관측하지 못했고 가보지 못했기에.

과학자는 넓은 의미의 예술가

날이 맑은 한여름 밤에 하늘에 박혀 있는 수많은 별을 보면 숨이 턱턱 막힌다. 우리가 볼 수 있는 별보다 볼 수 없는 별이 이 우주엔 더 많다는 사실을 생각하면 참으로 아찔해 모든 게 무의미하게 느껴질 때도 있다. 피카소는 그랬다. 예술가는 모든 장소로부터 다가오는 강렬한 감동을 위한 저장소라고. 이 대목에서 과학자들은 좀 더 활동 범위가 넓은 예술가가 아닌가 싶다. 아무도 쉽게 귀 기울이지 못하는 수백 광년, 아니 수천 광년, 더 나아가 수천억 광년 너머의 별들로부터 오는 강렬한 감동의 순간에 일생을 걸고 있으니 말이다. 이 예술의 벽은 그러나 야속하리만큼 높다. 1만 년, 아니 2만 년을 인류가 더 버틸 수 있을까? 우리를 만나지 못하고 우주의 찰나를 살다 간 문명은 얼마나 많을까. 우리의 유한한 시간 안에 우주의 강렬한 감동 그 끝자락이라도 느낄 수 있다면 얼마나 좋을까.

"과학은 우리 미래의 열쇠다.

그리고 만약 당신이 과학을 믿지 않는다면

당신은 모든 사람을 전진하지 못하게 막는 중이다."

_빌 나이 Bill Nye

미국의 과학 교육 활동가

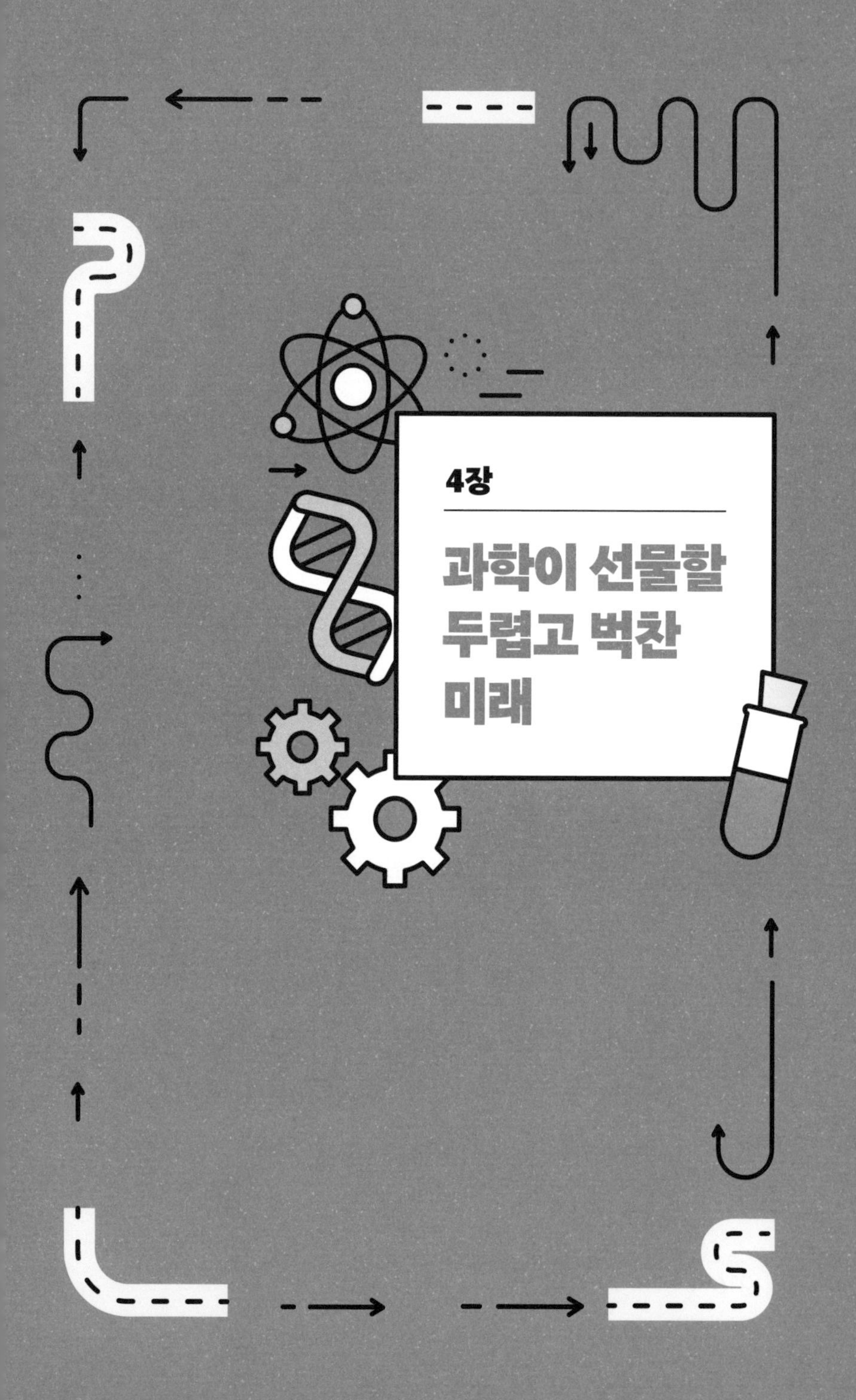

4장

과학이 선물할 두렵고 벅찬 미래

인류는 정말 전염병으로 멸망할까?

×

바이러스학

2020년 여름 태풍이 한반도를 덮친 후의 어느 날, 우리 집 베란다 방충망에 박쥐 3마리가 날아들었다. 도심 아파트에 박쥐 가족이라니. 게다가 코로나19가 한창인 때였다. 덜컥 겁부터 났다. 가까이 다가가 박쥐 가족을 살펴보니 귀여운 얼굴에 몸에선 심장이 뛰는 게 보였다. 코로나19로 인해 바이러스의 상징이 되었지만 태풍에 갈 곳을 잃고 우리 집 베란다까지 날아든 것이리라 생각하니 가엾은 마음이 들었다. 방해하지 않고 밤까지 조용히 기다렸다. 다음 날 살펴보니 박쥐 가족은 그 자리에 없었다.

박쥐와 바이러스, 그 끈질긴 인연

대부분 사람들이 '박쥐'라고 하면 나처럼 바이러스를 떠올릴 것이다. 특히 박쥐에서 시작되었다고 추정되는 코로나19로 떠들썩했던 2020년을 겪은 사람들이라면 말이다. 사실 박쥐가 바이러스를 옮긴 건 코로나19가 처음이 아니다. 1998년 말레이시아 북부에서 발병했던 니파 바이러스가 과일박쥐로부터 왔고, 호주 헨드라 바이러스도 박쥐가 옮겼다. 2002년 중국에서 발병한 사스도 박쥐 탓이었고, 2012년 메르스도 낙타 독감이라 불리긴 했지만 근원은 박쥐였다. 2014년과 2019년에 아프리카를 강타한 에볼라 바이러스도 그랬다. 이쯤 되면 박쥐를 탓할 만도 하다.

박쥐는 바이러스 전파에 최적화된 동물이다. 일단 그 수가 많다. 전체 포유류의 20%가 박쥐라고 한다. 포유류이면서도 새처럼 잘 날아다니고, 혼자 다니지도 않아서 많은 수가 함께 전 세계를 누빈다. 박쥐의 비행 솜씨는 과학자들의 연구 대상이 될 정도로 뛰어난데, 박쥐의 복잡한 공기역학적 비행에 대한 연구는 《사이언스》에 발표되기도 했다. 묘기에 가까운 비행 솜씨로 전 세계를 누비니 확률적으로 바이러스를 옮길 확률이 높을 수밖에 없는 것이다.

박쥐는 바이러스를 달고 살지만 정작 박쥐 자신은 바이러스로부터 대체로 안전하다. 바이러스가 침입하면 면역체계를 발동시키는 인터페론이 늘 박쥐의 몸에 활성화되어 있기 때문이다. 박쥐는 인류가 존재하기 이전에 이미 바이러스 팬데믹을 겪은 '진화'의 산물이 아닐까 싶다.

바이러스가 대체 뭐길래?

바이러스는 숙주, 즉 세포 밖에서는 무생물과 마찬가지다. 세균과 달리 독립적으로 생명 활동을 할 수 없기 때문이다. 바이러스가 가진 거라곤 유전 정보를 담은 핵산과 그 겉을 싸고 있는 단백질 껍데기다. 바이러스가 간절히 원하는 증식을 하기 위해선 남의 '리보솜'이 필요하다. 바이러스가 숙주에 들어가 숙주의 리보솜을 빌리는 데 혈안이 된 이유다. 우리 몸속에 들어온 바이러스는 세포막 표면 수용체에 붙어 우선 세포의 문을 연다. 이 순간부터는 바이러스도 앞서 DNA 복제를 얘기하며 말했던 '센트럴 도그마'라는 절차를 따른다. 핵산을 복제하고 전사한 뒤 리보솜에서 번역을 하는 만만치 않은 과정이다. 결국 우리 몸에 침입한 바이러스가 우리 세포의 재료를 가지고 만들어낸 완성품이 세포 밖으로 퍼져나가며 몸속에서 무한 증식을 시작한다. 인플루엔자 바이러스의 경우 크기가 0.1마이크로미터다. 2마이크로미터인 대장균보다도 작기 때문에 이들의 행동은 그만큼 민첩하다.

바이러스의 무서운 면모는 '변이'에서 드러난다. 바이러스가 가진 유전체는 DNA와 RNA로 갈리는데 이 변이는 주로 RNA 바이러스에서 발생한다. DNA는 이중가닥 구조여서 복제의 정확도가 높지만 RNA 바이러스는 그냥 무작정 복제하다 불량품을 만들어내기 십상이기 때문이다. 박쥐가 인터페론을 항상 켜고 있다면, 바이러스는 30억 년간 지구에서 살아남으며 터득한 노하우를 이러한 '변이'에서 맘껏 발휘한다. 증식이 빠른 만큼 진화의 속도도 '실시간'이다. 목적은 오직 생존. 바이러스의 진화의 산물은 '변이' 그 자체다.

인플루엔자 바이러스 유전체는 8개의 RNA 유전자로 이뤄진 RNA 바이러스다. 무섭게도 신종 플루 바이러스는 돼지와 인간, 조류의 인플루엔자 바이러스가 뒤섞여 있었다. 진화의 절정은 이런 '종 간 변이'다. 이 힘든 과정을 도와준 건, 그러니까 절대 섞이지 않을 것만 같은 이 세 종의 바이러스 유전체가 섞이는 데 공을 세운 건, '인간'이다. 니파 바이러스도 사실은 박쥐 때문이 아니었다. 밀림 지역의 나무를 베어 양돈장을 만들면서 밀림에 살던 박쥐들을 쫓아낸 인간의 행동에서 비롯되었다. 박쥐는 먹을 걸 찾아 헤매다 망고 조각을 먹고 그걸 돼지 우리 주위에 떨어뜨렸을 뿐, 그걸 흘린 박쥐나 주워 먹은 돼지를 탓할 수 있을까. 2016년 지카 바이러스는 모기로부터 왔다. 모기가 폭발적으로 늘어난 이유는 역대급 온난화 때문인데, 인간은 이 부분에서도 책임에서 자유로울 수 없다. 에볼라 바이러스도 영장류를 무분별하게 사냥해서 잡아먹었던 인간 스스로 얻은 바이러스였다. 코로나19 바이러스 역시 마찬가지다. 몸에 좋다는 이유로 천산갑, 사향 고양이, 박쥐까지 무자비하게 잡아먹던 인간이 스스로에게 쏜 화살이다.

우리의 몸이 바이러스에 대응하는 방법

희망이 없는 것은 아니다. 인간은 나약해 보여도 몸속에 '면역'이라는 훌륭한 방패를 가지고 있다. 인간은 바이러스 등 외부 물질이 침입하면 본능적으로 이를 무찌르는 'NK(Natural Killer, 자연살해)세포'를 가졌다. 더 강력한 힘을 발휘하는 '학습된 면역' T세포와 B세포도 갖고 있다. 또 인간은 직접 학습된 면역을 만들어낼 줄도 안다. 바로 백신이다. 백신은 이 학습된 면역을 자극한다. 우리 몸이 바이러스를 미리 경험하도록 해

❖ mRNA 백신이 일하는 과정

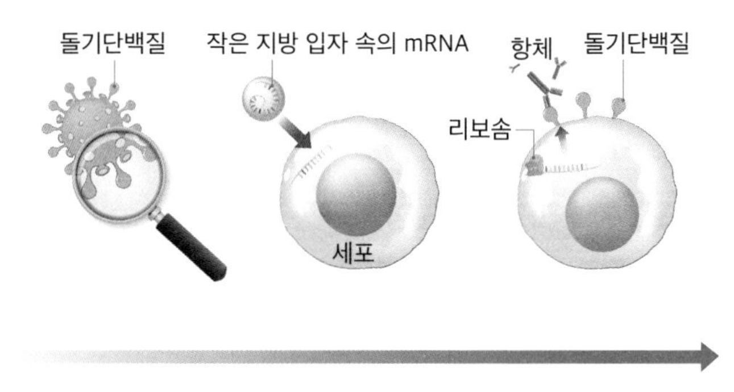

출처: Shutterstock

주는 게 백신의 원리다. 원래는 죽은 바이러스를 넣는 방법으로 이걸 경험하게 해줬다면 최근에는 바이러스 전체를 넣어주지 않고 바이러스 돌기를 만들 수 있는 재료 mRNA를 넣어준다고 한다. mRNA는 바이러스 돌기의 설계도로, 바이러스 돌기를 직접 만들어 넣어주는 대신 그 레시피를 주고 몸 안에서 알아서 만들어 쓰라고 하는 것이다. mRNA가 들어가 리보솜과 결합해 우리 몸속에서 속 빈 바이러스 돌기를 만들어내면 이걸 감지한 우리 세포들은 면역 반응을 개시한다. 일부 코로나 백신을 mRNA 백신이라고 하는 이유다.

전염병과 인간의 미래

1898년 네덜란드 과학자 마르티누스 베이에링크가 최초의 바이러스를 발견한 이후 200년이 채 흐르지 않은 시간 동안 인간은 그 어느 때보다 치열하게 바이러스와 싸웠다. 천연두, 홍역, HIV, 소아마비 바이러스, HPV 바이러스가 원인이 되는 자궁경부암, 전쟁 중 퍼져 전쟁 피해자보다 많은 5천만 명을 죽음에 이르게 했던 1918년의 스페인 독감, 1957년 아시아 독감, 1900년대 후반을 강타한 각종 바이러스들까지. 물론 이제는 인간도 바이러스에 속수무책 당하지 않는다. '백신'을 통한 바이러스와의 전쟁은 오늘도 계속되고 있다.

그러나 백신이라는 무기를 갖게 된다 한들 본질은 변하지 않는다. 한때 지구 생태계의 약자였던 인간은 어느새 생태계의 강자가 되어 자연을 정복했다. 1900년대만 해도 16억 명이었던 인구는 2020년 80억 명 가까이로 늘었다. 바이러스에게 인간은 박쥐만큼이나 아주 좋은 '숙주', 그러니까 새로운 블루오션인 셈이다. 중국만의 문제가 아니다. 바이러스를 매개로 한 전염병은 결국 우리가 자초한 결과다. 전 세계 모든 인류에 책임이 있다. 바이러스는 지금 이 순간에도 변이를 계속하고 있다. 질병 X는 WHO가 경고한, 알려지지 않은 병원균에 의해 발생할 수 있는 또 다른 세계적 전염병이다. 지난 2017년 빌 게이츠는 전염병이 핵폭탄이나 기후 변화보다 훨씬 위험할 수 있다고 경고했다. 결국 전염병으로 멸망을 하냐 마냐는 인간의 손에 달린 듯하다.

인간 vs. 로봇의 미래는?

×

인공지능학

'상대의 왕을 잡아라. 그러면 이긴다.' 넷플릭스 드라마 〈퀸즈 갬빗〉에는 천재적인 체스 선수가 나온다. 고아원에서 자란 주인공은 어린 시절 우연히 체스를 두게 된 후 밤마다 천장에 상상으로 체스판을 그린다. 그렇게 어두운 밤마다 머릿속으로 시뮬레이션을 돌리며 했던 체스 연습은 훗날 주인공에게 최고의 무기가 된다. 드라마 속이긴 하지만 주인공이 상대와 펼치는 신들린 듯한 체스 대결은 심장을 쫄깃하게 만든다. 체스는 전략, 선견지명, 논리가 모두 필요한 아주 인간적인 게임이다. 대결의 완벽함 뒤에서 홀로 공포와 고통에 떨어야 했던 주인공은 사실 천재적이면서도 동시에 너무나 인간적이었다.

인공지능이 먼저 잡은 인간의 '왕'

하지만 영화 밖의 현실은 조금 다르다. 이렇게나 가장 인간적인 게임에서 인공지능이 인간을 이긴 건 이미 50여 년 전의 해묵은 이야기다. 1969년 MIT가 개발한 '맥 핵(Mac Hack)'은 인공지능을 맹렬히 부인하던 드레퓌스 교수와의 체스 대결에서 승리했다. 드레퓌스 교수는 사람의 지능은 무의식의 지배를 많이 받기 때문에 절대 인공지능이 이걸 따라할 수 없다고 봤다. 하지만 인공지능은 그런 드레퓌스 교수에게 일단 KO를 한 번 날리며 그 존재감을 과시했다. 그로부터 약 30년 뒤인 1997년, IBM 슈퍼컴퓨터 '딥 블루'는 이번엔 체스 세계 챔피언인 개리 카스파로프를 꺾었다. 그러나 이때의 인공지능은 규칙을 만들고 지식을 주면 이에 대한 답을 내놓을 뿐인, '프로그래밍'적인 성격이 강한 '심볼릭 인공지능'이었다. 인간을 이긴 건 대단했지만 정말로 이겼다고 표현하기엔 인간에게 너무 많이 의존하는 인공지능 시스템이었던 것이다.

머신러닝과 딥러닝은 규칙을 스스로 만들어낸다

어학연수 한 번 다녀오지 않은 나는 영어를 꽤 잘 듣는 편이다. 비결은 아주 어렸을 때부터 밥을 먹으면서도, 학교에 가면서도, 자기 전에도 꾸준히 영어를 들려주신 우리 부모님 덕분이다. 무슨 말인지도 모르는 영어를 듣다 보니 신기한 일이 생겼다. 한 번도 들은 적 없는 단어가 나와도 그 뜻을 유추할 수 있게 되었다. 언어를 배우는 과정이 다 그런 듯싶다.

후에 등장한 '머신러닝'도 비슷한 원리였다. 머신러닝 컴퓨터에는 인간이 규칙을 만들어주지 않는다. 수많은 정보를 주면 인공지능이 규칙을 스스로 만들어낸다. 이보다 더 발전된 머신러닝의 한 형태가 '딥러닝'이다. '신경망학습'이나 '딥'과 같은 단어를 접하면 '뇌'가 떠오르며 뭔가 심오한 생각을 한다고 생각하기 쉽다. 막상 뜯어보면 그냥 다층으로 학습을 하는 것이라고 한다. 딥러닝 역시 수학적 학습의 한 종류인 것이다.

컴퓨터라고 하기에는 경이로운 약인공지능

그렇다고 '정보를 넣고 규칙을 만들어낸들 컴퓨터는 컴퓨터지.'라고 생각하면 오산이다. 인공지능은 인간이 해내지 못한 놀라운 결과를 많이 만들어내고 있기 때문이다. 대표적인 게 구글이 개발한 단백질 구조 분석 인공지능인 '알파폴드2'다. 인간의 단백질은 수십에서 수백 개의 아미노산이 연결된 끈이 꼬이고 꼬인 '접힘' 구조로 되어 있는데, 그 수가 정말 많다. 분자생물학자 사이러스 레빈탈은 이 접힘의 가짓수를 나열하는 데 우주의 나이만큼 시간이 소요될 것이라고 했을 정도다.

50년간 과학자들이 구조를 밝힌 단백질의 수는 2억 개 중 고작 17만 개. 이렇듯 수년이 걸리는 단백질 구조 해독을 알파폴드는 며칠만에 풀어냈다. 일론 머스크가 창업한 '오픈AI'에서는 초거대 AI 언어 모델인 'GPT-3'를 공개했다. 컴퓨터를 이용해 인간이 일상적으로 사용하는 언어를 분석하고 처리하는 '자연어 처리(NLP)' 기술인데 쉽게 말해 컴퓨터에게 '말'을 가르쳐준다고 생각하면 된다. 이 인공지능은 1,750억 개의 매개변수(2개 이상의 변수 사이의 함수 관계를 간접적으로 표시할 때 사용하는 변수)를 학습했다. 입력된 단어만 4,990억 건에 달한다는 이야기다. 이는 인간이 평생 보고 듣는 정보를 뛰어넘는 수준이다. 이들은 인간의 언어를 이해하고 글도 만들어낸다. 어떤 문장은 사람의 것과 구별하기조차 힘들다. 하지만 더 놀라운 건 이러한 인공지능들도 '약인공지능'의 범주를 벗어나지는 않는다는 것이다(약인공지능은 특정한 한 가지 분야의 주어진 작업을 인간의 지시에 따라 수행하는 수준의 '약한 수준'의 인공지능을 말한다).

어떤 결과가 나올지 몰라 두려운 강인공지능의 등장

이쯤 해서 1968년에 개봉한 스탠리 큐브릭 감독의 명작 SF 영화 〈2001 스페이스 오딧세이〉에 나오는 인공지능 '할(HAL 9000)'에 대한 이야기를 안 해볼 수가 없다. 영화 속에서 할은 탐사대원들에게는 '알고 있는 모든 정보를 알려줄 의무'를 명령받았고, 백악관에서는 '특정 정보는 어느 순간이 오기 전까지 알리지 말라는 지령'을 받았다. 이 두 명령이 상충되는 순간에 할이 내린 선택은 섬뜩하게도 '그냥 다 죽이는 것'이었다. '심볼릭 인공지능'에서 시작해 '약인공지능' 단계를 넘어서면 '다양한 분야에서 실제로 사고하고 해결할 수 있는' 인간형 인공지능인 '강인공지능'이 등장한다. 불확실성은 인간이 '강인공지능'을 두려워하는 이유를 설명하는 단 네 글자다. 강인공지능이 그 누구도 예상치 못한 결과를 낼 수 있고 그 방향성이 인간을 해치는 쪽이라면 보통의 문제는 아닌 듯싶다. 일론 머스크조차 '인간이 모든 영역에서 기계에 압도당할 것'이라 했다고 하니 미래의 인공지능이 더 두려워지기도 한다.

인공지능은 인간을 이길 수 없다

인공지능은 정말 인간을 압도한 후 자신의 발밑에 내려놓을까? 우선 당장 큰 걱정을 할 필요는 없을 듯싶다. 아실로마 AI

원칙이라는 게 있다. 2017년 스티븐 호킹, 일론 머스크, 인공지능 학자, 기업들의 대표주자 등이 모여 만든 인공지능 개발 원칙이다. 이 원칙 서두의 '목표'에는 이런 말이 나온다. 인공지능 개발은 '인간에게 이로운 방향'으로 이뤄져야 한다고. 당대 최고의 전문가들이 모여 이런 걸 논의하고 있다는 건 인간 스스로 어느 정도 기술의 브레이크를 만들어가고 있다는 뜻이기도 하다. 사실 기술도 아직은 요원하다. 지금 나오고 있는 초거대 인공지능을 개발하는 데도 막대한 자원이 필요하기 때문이다. 빅테크 기업들에게도 버거운 수준이다. 물론 언젠가 '강인공지능'의 시대가 올 가능성은 있다. 다만 논리적으로 가능하다고 해서 실물로 뚝딱 만들어낼 수는 없다는 것이다.

200여 년 전 영국의 노동자들은 기계가 사람보다 우위에 서서 자신들을 무력화한다는 불안감에 기계를 파괴하는 운동을 펼쳤다. 그 후 기계는 더 빠르게 발전했고 인류는 그때와 비교할 수 없는 규모의 '현대의 기계'들과 함께 살아간다. 인공지능을 포함해서 말이다. 누구도 이러한 불안감 때문에 컴퓨터를 부수진 않겠지만 빠르게 발전하는 기술의 패러다임 속에서 마음속 깊이 '무기력'에 빠져 있는 사람들이 많다. '인간보다 나은 인공지능'의 시대에는 전문기술을 다루는 소수가 아닌 이상 인생을 바꿀 수 없다는 자조도 만연하다. 그러나 이 세상에 의미 없이 태어난 사람이 있는가. 세상의 가장 중요한 가치는 늘 사람의 마음을 어루만져주는 따뜻함 속에서 탄생했다. '사랑'과 '평화' 같은 것들 말이다. 인간보다 능력이 뛰어나다고 과시하는 인공지능이 이러한 가치 없이 우리 사회에 뿌리를 내릴 수 있을까?

언제까지나 '사람'이 먼저다. 우리 모두가 그 사실을 잊지 않는다면 인공지능이 인간을 지배하는 일은 없을 것이다.

미래에는 곤충과 실험실 고기를 먹고 산다고?

×

식품영양학

세상에서 가장 큰 행복은 먹는 데서 오는 게 아닐까. 적어도 나는 그렇게 믿는다. '오늘 뭐 먹지?' 하루에 한 번 이상은 하거나 듣는 이 말 속에는 어떤 음식을 먹을지뿐만이 아니라 어디서 누구와 함께 시간을 보낼지 역시 함축되어 있다. 바빠서 끼니를 거르거나 대충 먹는 사람도 있을 것이고, 근사한 쉐프의 음식을 몇 시간씩 앉아 먹는 사람도 있을 것이다. 생각해보면 '삼시 세끼'라는 말처럼 우리의 삶을 잘 설명하는 단어도 없는 것

같다. 아마도 정해진 시간 없이 먹을 걸 구하는 대로 바로 먹었을 원시 시대부터, 하루에 한두 끼 거르는 게 이상하지 않았다던 중세 시대를 지나, 음식이 풍요로워진 근세에 와서야 비로소 우리는 소중한 삼시 세끼를 누릴 수 있게 되었다. 미래의 인간은 어떤 것을 먹고 살게 될까? 지금 우리가 누리고 있는 다양하고 수많은 맛있는 음식을 우리는 과연 먼 훗날에도 누릴 수 있을까?

인간이 육식과 맞바꾼 것

유엔 산하의 세계식량계획(WFP)은 미래 인류의 식량 문제를 해결할 대안으로 '곤충'을 지목했다. 곤충이 지방, 단백질, 비타민, 섬유질, 미네랄 등이 풍부한 건강식이라는 이유에서였다. 건강에 좋다는 것은 알겠는데 굳이 소나 돼지를 두고 곤충을 통해 단백질을 섭취해야 할 이유라도 있을까? 있다면 그 이유는 무엇일까?

사실 식용 목적으로 소, 돼지, 닭 같은 가축을 기르는 것의 대가는 생각보다 아주 크다. 우선 소는 소화하는 과정에서 뀌는 방귀로 엄청난 온실가스를 배출하는 '대기오염'의 주범이다. 1kg의 소고기가 배출하는 이산화탄소량은 14.8kg에 달한다는 보고도 있다. 그뿐만 아니다. 1kg의 단백질을 얻기 위해서는 소에게 10kg의 사료를 먹여야 한다. 즉 인간이 먹을 것도 희생해야 고기를 얻을 수 있는 것이다. 축산 사료로 주로 콩과 옥수수 등 인간이 먹는 곡물이 쓰이기 때문이다. 또 2019년 기준 한국에서 소와 돼지에서 나오는 가축 분뇨만 해도 5,184만 톤에 달했다고 한다. 아무리 조심한다고 해도 수질 오염을 막을 수가 없다. 때마다 찾아오는 가축 전염병에 살처분되는 소와 돼지들을 보는 것도 고역이다. 가축들이 살처분되어 묻힌 땅에서는 침출수가 흘러나와 토양과 물을 오염시킨다. 조금 과장해서 말하면 인간은 자기 입의 즐거움을 위해 지구와 동물들의 고통을 맞바꾸는 셈이다.

세계 인구 수는 어느덧 80억 명을 눈앞에 두고 있다. 늘어나는 인간들에 맞춰 가축을 키우려면 결국 더 큰 피해와 고통이 생길 수밖에 없다.

차세대 '고기' 곤충

곤충은 징그럽다는 것만 빼면 소나 돼지 같은 가축보다는 훨씬 나은 대체재가 될 수 있다. 실제로 곤충은 '단백질' 덩어리다. 벼메뚜기의 경우 단백질 함량이 거의 소고기 수준이라고 한다. 또한 곤충은 아미노산이 골고루 들어 있다. 불포화 지방으로 에너지 소모도 잘 되고 당 함량도 적다. 먹어본 사람들에 의하면 맛도 고소하단다. 곤충은 사육 과정에서 온실가스를 엄청나게 배출하지도, 물을 많이 사용하지도 않는다. 사료도 덜 드는 데다 먹이 자체도 곡물 찌꺼기면 충분하다 보니 인간의 식량과 겹치지도 않는다. 인간보다 수억 년 먼저 지구에 등장해 모진 세월 동안 천적과 척박한 환경을 견뎌낸 곤충들은 지구상에서 무려 90만 종의 다양한 모습으로 살아간다. 지구에 존재하는 종의 80%를 차지하는 대가족을 꾸린 것이다.

곤충이 차세대 '고기'로 각광받기 시작하면서 프랑스의 한 스타트업은 인공지능, 빅데이터가 집결된 곤충 공장을 세워 균일한 품질의 곤충을 만들어내는 데 힘쓰고 있다. 곤충을 직접 먹는 걸 극도로 싫어하는 나 같은 소비자들을 위해 가축에게 주는 사료만 곤충 사료로 바꿔도 지구 환경에 큰 짐을 덜 수 있지 않을까. 물론 곤충을 현재의 인간이 먹는 음식 형태로 가공해 시판한다면 부담 없이 먹을 수도 있을 것이다.

대체육과 배양육
다가올 식량의 미래

곤충이 아니라면 차라리 고기를 '만들어내면' 어떨까? 이게 말이 되냐고 생각하는 사람도 있겠지만 식물성 대체육이나 배양육은 이미 기술적으로는 충분히 실현 가능한 수준까지 왔다.

먼저 식물성 대체육은 식물에서 추출한 단백질을 이용해 고기와 비슷한 형태와 맛이 나도록 제조한 고기다. '대두콩'에 들어 있는 단백질 함량은 소고기와 비슷한 수준인데, 이렇게 콩 등에서 식물성 단백질을 추출해 물과 섞은 후 높은 압력으로 가열하고 압출하면 단백질 분자들이 고기처럼 응고된다. 이것이 대체육을 만드는 원리다. 이러한 식물성 대체육 제조사인 '비욘드미트'는 이미 미국 증시 나스닥에 상장되어 있기도 하다. 즉 식물에서 추출해 만든 햄버거 패티나 소시지 등이 이미

시중에서 판매되고 있는 것이다.

배양육은 살아 있는 가축에서 세포를 추출해 그 세포를 증식시키는 방법으로 만든 고기다. 1932년 영국 총리 윈스턴 처칠은 자신의 책에 배양육에 대한 아이디어를 적은 적도 있다고 한다. 그 후 배양육은 꾸준히 연구되었고, 2013년 네덜란드 마스트리흐트대학 마크 포스트 교수가 '배양육 햄버거 패티'를 제조하며 배양육 연구는 불씨가 붙었다. 당시 이를 맛봤던 영양학자는 "육즙이 많진 않지만 고기와 같다."는 감상평을 내놓기도 했다. 그리고 2020년 12월, 배양육은 세계 최초로 싱가포르 정부의 식품 승인을 받았다. 배양육을 만드는 회사인 '멤피스미트'는 앞서 말한 비욘드미트와 함께 마이크로소프트 창업자 빌게이츠로부터 투자를 받은 상태다. 앞으로가 기대되는 기업이라는 뜻일 테다.

앞서 말했듯 먹는다는 건 축복이고 행복이다. 식사는 단순히 배고픔이라는 욕구를 채우기 위한 행위뿐만이 아닌, 추억을 쌓는 일이기도 하다. 우리에게 매 끼니가 소중한 이유다. 하지만 고기를 먹으며 느끼는 행복만큼이나 그 뒤에 얼마나 심각한 환경 오염과 다양한 생명들의 희생이 따르는지도 알았으면 좋겠다. 오직 인간의 밥상에 오르기 위해 태어나고 죽는 생명이 너무나도 많기 때문이다.

우리가 살아가는 지구를 우리 모두가 더욱 사랑하고 아꼈으면 좋겠다. 지금 이 순간에도 지구 어딘가에서 무자비하게 도축되고 있을 동물들을 아껴주는 성숙함을 가진 인간이었으면 좋겠다. 대체 식량도 아직 극복해야 할 것들이 많다. 곤충이 주는 혐오감을 극복해야 하고, 배양육의 경우 대량 생산의 한계도 극복해야 한다. 그렇게 만들어진 고기의 맛이 우리가 먹는 소고기, 돼지고기의 맛과 비슷할지도 아직은 의문이다. 그래도 다행이고 감사하다. 과학이 우리의 삼시 세끼를 더 건강하고 아름답게 만드는 데 큰 역할을 해내고 있는 것 같으니 말이다.

내 몸에 돼지 장기를 이식할 수 있을까?

×

생물공학

가끔 뉴스에서 가슴 아픈 소식을 접할 때가 있다. 뇌사 상태에 빠진 환자가 '장기 이식'으로 생명을 구하고 하늘나라로 떠났다는 뉴스도 그중 하나다. 장기를 이식해야만 했던 환자나 장기 이식을 기다려야만 했던 환자 모두의 서글픔이 활자로나마 느껴지곤 한다. 그렇다면 사람이 아닌 동물에게서 장기 이식을 받을 수 있다면 어떨까? 썩 내키는 일은 아니지만 장기 기증자를 찾다가 골든 타임을 놓치는 것보단 낫지 않을까.

이종이식의 오래지 않은 역사

이 아이디어는 곧 과학자들에 의해 현실로 넘어온다. 부족한 장기를 대체할 방법은 여러 가지가 있다. 인공 장기를 만들거나 줄기세포를 이용해 죽어버린 장기 조직을 재생하는 방법, 그리고 다른 동물의 장기를 이식하는 '이종이식(異種移植)'의 방법이 있다. 다른 건 몰라도 이종이식이 말이나 되냐고 생각할 수도 있다. 그러나 실제 사례가 이미 30여 년 전에 있었다. 1990년대 후반 돼지의 신경세포를 손상받은 뇌에 이식받은 환자들이 마비된 몸을 회복하는 사례가 있었다. 급성 간부전이 온 한 환자는 이식받을 사람의 간이 준비될 때까지 3일간 체외에 돼지의 간을 연결해 연명하기도 했다.

이종이식의 대상으로 처음엔 인간과 유전자가 가장 비슷하다는 영장류가 주목받았다. 그러나 문제가 많았다. 대부분의 영장류는 임신 기간이 너무 길었다. 침팬지는 약 237일, 고릴라는 약 257일로 사람과 거의 비슷했다. 멸종 위기의 유인원을 사람의 치료 목적으로 사용해도 되냐는 윤리적 문제를 논하기 전에 이미 경제성이 없었다. 이들은 장기가 작기도 하고 무엇보다 에이즈 같은 질병의 위험도 컸다. 영장류로부터의 장기 이식은 1963년 미국 림츠마 교수가 침팬지의 신장을 환자에 이식해 9개월간 생명을 연장한 것이 그나마 가장 성공한 사례로 꼽혔다. 그러나 보통은 이종 장기를 밀어내려는 면역반응이 워낙 강해 면역억제제 사이클로스포린을 투여해 환자의 수명을 수십 일 연장하는 데 그쳤다.

해답은 놀랍게도 돼지에 있었다. 돼지는 임신 기간이 114일이다. 한 번에 출산하는 돼지도 최소 다섯 마리에서 열 마리다. 무엇보다 장기의 특성과 구조가 사람과 유사하다. 오랫동안 사람과 공존했기에 인체에 해가 되는 감염원을 가질 기회도 적었다.

이종이식이 가능한 돼지는 따로 있다

돼지로 결정했다고 해서 아무 돼지나 우리에서 잡아다가 바로 사람에게 장기를 이식할 수는 없는 일이다. 사람의 몸은 이종이식을 순순히 받아들일 정도로 호락호락하지 않다. 심지어 같은 사람끼리 장기를 이식받아도 평생 면역 억제제를 먹어야 하는 게 현실이다. 인간의 몸은 외부 물질이 들어오면 초급성, 급성, 체액성, 세포성, 만성의 순서로 거부 반응을 일으킨다. 면역 방어 시스템이 작동하는 것이다.

방법은 인간의 몸에 거부감을 주지 않는 돼지를 태어나게 하는 것이었다. 돼지의 장기에는 '알파갈'이란 물질이 있다. 인간을 비롯한 영장류에는 없는 물질이다. 이것이 사람 몸에 들어오면 우리 몸의 면역물질인 '보체'는 이를 공격한다. 우리 몸에서 거부 반응이 나타나는 것이다. 그렇다면 몸에서 알파갈을 없애고, 사람의 보체 반응을 억제할 DAF(Decay Accelerating Factor, 붕괴촉진인자)를 과발현시킨 돼지라면 안전하지 않을까.

그러나 문제는 더 있었다. 돼지 몸 안의 내인성(內因性) 레트로바이러스(PERV)도 해결해야 했다. 이것이 인간에게 바이러스 질병을 유발할 가능성을 완전히 배제할 수 없었기 때문이다. 그러나 이 역시 시간문제였다. 2015년, 유전자 가위를 활용해 돼지의 몸 안에 있는 62개의 레트로 바이러스 유전자를 제거하는 데 성공했다는 논문이 《사이언스》에 발표된 것이다. 이제 면역 거부 유발 유전자를 제거한 세포를 돼지의 난자에 넣고 복제 수정란을 만든 후, 무균 돼지 대리모에 넣어 출산해 잘 기르기만 하면 면역 방어 시스템을 극복할 수 있게 된 것이다.

2021년 2월, 한국에서도 형질전환돼지의 신장을 이식받은 원숭이가 2달 넘게 생존해 국내 최장 기록을 세웠다는 소식이 들렸다. 연구가 더 진행된다면 사람 몸에도 부담 없이 형질전환돼지의 장기를 이식하는 날이 곧 올 듯하다.

생물공학의 놀라운 발전이 부른 인공 장기의 시대

돼지의 장기와 같은 살아 있는 생물의 장기 말고도 아예 인공 장기를 3D프린팅 기술로 만들어내는 연구도 활발하다. 장기를 수평으로 얇게 자른 뒤 알아낸 세포의 배열 순서대로 생체 구조물을 찍어내는 것이다. 영국에서는 사람의 각막을 3D프린터로 제작하는가 하면, 미국에서는 수만 개의 세포로 구성된 인공 간을 만들어내기도 했다. 중국에서는 3D프린팅으로 만든 혈관을 원숭이의 몸에 이식하는 데 성공했다. 일반 프린터에는 잉크를 넣지만 3D프린팅과 바이오 기술을 융합한 '바이오프린팅'에는 살아 있는 세포가 쓰인다. 신체 부위에 따라

❖ 사람 세포를 재료로 3D프린터기를 이용해 만든 최초의 인공 심장

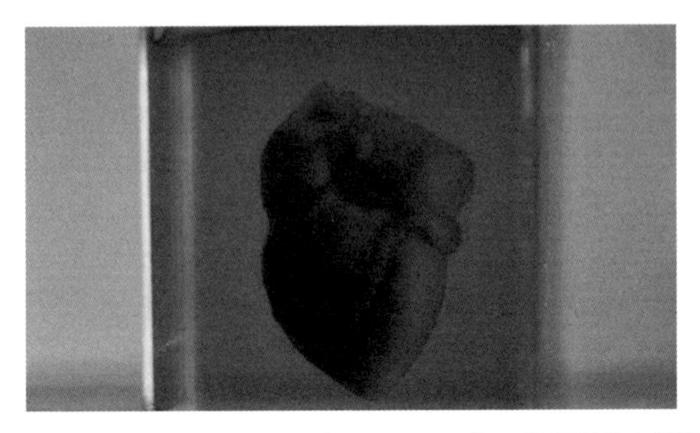

출처: 텔아비브대학교 생명공학학부 홈페이지

다른 성분을 넣어준다고 한다. 살아 있는 세포를 원료로 한 일명 '바이오 잉크'가 찍어낸 인공 심장을 2019년 텔아비브대학교 연구팀이 세계 최초로 공개하기도 했다. 이 인공 심장을 만든 텔아비브대 연구팀의 드비르 교수는 "현재의 심장은 토끼의 심장 크기 정도로 작지만, 같은 기술을 이용해 더 큰 인간의 심장도 만들 수 있다."고 전했다.

1912년 노벨상을 받은 프랑스 과학자 알렉시스 카렐은 어떤 '생물학적 힘'이 개체 간 이식을 방해한다고 생각했다. 그는 혈관을 잘랐다 이어 붙이는 혈관봉합법의 개발로 장기 이식의 길을 열었다. 1960년 영국의 생물학자 피터 메더워는 이 생물

학적 힘이 '면역' 현상임을 밝혀냈다. 그로부터 100년이 채 지나지 않은 지금, 인류는 종을 넘나들어 면역을 제어하고 통제하는 이종이식에 도전하고 있다. 피터 메더워는 『젊은 과학자들에게』라는 책에서 이렇게 말했다. "눈앞에서 목격하고도 그 의미를 깨닫지 못하거나 그 발견을 초석으로 삼아 업적을 이룩하지 못했을 사람은 수없이 많다. 행운은 보통 등장을 기대하며 미리 공간을 비워놓았던 이들에게만 찾아간다." 100년이 넘도록 생로병사의 비밀을 풀기 위해 작은 것 하나 놓치지 않았던 과학자들의 '행운의 알람'은 이제 곧 3D프린팅으로 만든 심장과 돼지의 심장을 몸에 넣는 시대가 되어 우리에게 울릴지 모른다.

화성 탐사와 일론 머스크

×

우주공학

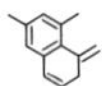

2015년의 감동을 아직도 잊을 수 없다. 뉴스 영상에서는 일론 머스크의 회사 '스페이스X'가 쏘아 올린 로켓 '팰컨 9(Falcon 9)'이 우주로 날아갔다가 다시 지구로 착륙하고 있었다. 비행기가 아닌 로켓이었다. 완벽한 로켓 주차 기술로 세계 최초로 로켓 회수를 성공시킨 순간이었다.

대단한 기술력이 없다면 애초에 불가능한 일이다. 승용차야 주차를 잘못하면 차를 뺐다가 다시 주차하면 되지만 로켓

❖ 로켓 '팰컨 9'이 지상에 착륙한 직후의 모습

출처: wikipedia

주차에 오차가 생기면 끔찍한 일이 벌어진다. 로켓이 잘못하다 구경하던 사람들을 덮치거나 아니면 바다로 추락해버릴 수 있기 때문이다. 그동안 수많은 로켓을 발사한 인류였지만 그 로켓들은 한 번도 멀쩡하게 우리에게 귀환한 적이 없었다. 이 기술을 만들겠다고 공언했던 일론 머스크조차도 로켓이 부서지고 폭발하는 수많은 실패의 순간을 겪었다. 어쨌든 그토록 무수한 실패 끝에 이뤄낸 성공이어서였을까. 그 장면을 보며 아이처럼 좋아하는 일론 머스크와 감동과 환호의 눈물을 터트리는 사람들의 모습은 그 어떤 영화보다도 감동적인 명장면이었다.

로켓 착륙 기술 개발은 다름 아닌 우주 교통비 때문

일론 머스크가 로켓 착륙 기술을 생각한 건 영화 같은 장면을 연출해 그저 감동을 주기 위해서만은 아니다. 아주 현실적인 이유가 있었다. 바로 '돈' 때문이었다. 해외 여행을 갈 때마다 비행기를 새로 제작해서 타고 한 번 탄 비행기는 버려야 한다면 가뜩이나 비싼 비행기 티켓값이 수십 수백 배는 치솟을 것이다. 우주의 어디든 가려면 생사 걱정을 하기 전에 일단 '교통비' 걱정부터 해야 하는 상황이다. 엄청난 금액을 들여 정성껏 만든 로켓들이 대부분 일회용으로 한 번 쓰고 버려지는 처지이기 때문이다. 팰컨 9 제작 및 발사에 드는 돈은 무려 600억이 넘는다. 2020년 11월 스페이스X는 사상 처음으로 미국항공우주국 나사의 이름을 달고서 '우주인'을 태워주고 다시 지구로 돌아왔다.

지피지기면 백전백승
화성 탐사를 향한 지구인들의 열망

일론 머스크의 오랜 꿈의 종착지는 화성이다. 구소련이 16번이나 발사한 금성 탐사선은 금성이 황산 비가 오는 데다 오븐보다 뜨거운 행성이라는 걸 알게 해줬다. 그에 비하면 화성은 지구와 비슷했다. 하루가 24시간이고 금성만큼 뜨겁지도 않았다. 표면적도 지구 넓이와 비슷했다. 심지어 기울어진 자전축도 비슷한데 지구가 23.5° 기울어져 있다면 화성은 25° 기울어져 있었다. 사계절이 있는 것도 똑같다. 인류 역사상 처음으로 화성에 착륙한 탐사선인 '바이킹 1호(Viking 1)'에서 보낸 화성 사진을 보고 칼 세이건은 "콜로라도나 네바다 어딘가를 보는 듯한 느낌"이라고 말했다. 화성은 여름철엔 기온이 최고 21°C까지 오르며, 평균 기온은 영하 62°C이고, 겨울 극지방에서는 기온이 영하 140°C까지 내려간다고 한다. 심하게 상상할 수 없는 날씨도 아니다. 자리만 잘 잡으면 화성에서 휴가를 보내는 정도는 가능하지 않을까.

그러나 인간의 화성 진출이 그렇게 쉬운 일은 아니다. 겉모습만 보고 화성에 놀러간다면 그야말로 큰일이 날 것이다. 현실은 대기가 태양풍에 의해 쓸려나가 방사선이 쏟아지는 숨도 쉴 수 없는 행성이고, 설사 숨을 쉴 여지가 있다고 쳐도 영화 〈마션〉에서 봤던 것처럼 불어오는 모래 폭풍도 엄청나다. 지금까지 알려진 바로는 사람이 먹고살 만큼의 물도 없다. 겉모습은 지구와 비슷하지만 차가운 어둠의 행성인 것이다.

그러나 2021년 2월, 지구인들을 다시 한번 환호의 도가니로 빠지게 한 사건이 있었다. 바로 새로운 화성탐사선 퍼시비어런스호가 약 200일을 날아 화성에 무사히 도착한 사건이었다. 퍼시비어런스호가 보낸 첫 번째 화성 표면 사진을 보며 나는 마치 착륙한 비행기 안에서 언제 나갈까 기다리는 설렘을 느꼈다. 퍼시비어런스호는 우리에게 화성의 바람 소리도 들려주었다. 퍼시비어런스호와 함께 간 헬리콥터 인제뉴어티는 인류 역사상 최초로 지구 아닌 행성에서의 비행을 성공적으로 해냈다. 중국의 화성 탐사 로봇 '주룽'도 2021년 5월 착륙해 '인증샷'을 보내오기도 했다. 테스트 중 폭발 사고로 난감한 상황이긴 하지만 일론 머스크도 끝없는 집념으로 '스타십' 개발에 한창이다. 겉면에 스테인리스강을 두른 스타십에는 100명이 탈 수 있다. 일론 머스크는 2050년까지 이 스타십을 통해 화성에 100만 명을 이주시키겠다는 당찬 포부를 밝혔다.

❖ 퍼시비어런스호가 화성 표면을 돌아다니며 남긴 바퀴 자국

출처: NASA / JPL-Caltech

❖ 테스트 비행을 앞두고 발사대에 앉아 있는 스타십 SN9

출처: wikipedia

화성에서 살아남는 건 또 다른 문제

여차저차 화성에 간다고 해도 인간이 화성에서 과연 버틸 수 있느냐도 문제다. 이미 화성 같은 우주에서 살아남을 수 있는지에 대한 여러 차례의 실험이 있었다. 1991년 미국 애리조나 주에서 진행된 인공생태계 프로젝트 '바이오스피어 2'는 과학자들이 지구 생태계와 격리되도록 만든, 지구를 모방한 또 하나의 생태계였다. 과학자들은 완벽하게 차단된 우주에서의 환경을 가정해 인공생태계를 조성했다. 그리고 대원들을 그곳에 이주시켜 지켜보았다. 그러나 프로젝트를 진행하며 바이오스피어 2는 여러 생태적 문제에 부딪혔다. 이산화탄소 농도 급증, 산소 농도 급락. 기후가 변하니 곤충도 죽었고 생태계도 파괴되었다. 결론은 생존 불가였다. 2007년과 2011년 사이 러시아에서 시행되었던 심리적 고립 실험도 실패였다. MIT에서는 지금의 기술로는 화성 이주자들이 68일 안에 질식해서 숨질 것이라고 발표했다. 어쩌면 지금 인류는 '불가능'에 가까운 도전을 하고 있는 것이다.

칼 세이건은 늘 우주를 바라보던 과학자였다. 그는 언젠가는 화성의 지구화가 실현되고 인간이 화성에 영구 정착해, '화성인'이 된 지구인들이 화성에 거대한 운하망을 건설할 날이 올지 모른다고 했다. 스티븐 호킹은 인류가 멸종을 피하려면 100년 이내 다른 행성으로 이주해야 한다고 말했다. 코로나19가 지구를 덮친 오늘날 들으면 그야말로 오싹해지는 말이다. 지구에서 화성까지 아무리 가까운 궤도로 간다 해도 왕복 4년은 걸린다(단순히 편도 비행만 한다면 6개월만 걸리긴 하지만 화성이 지구와 가까워지는 때를 이용해 오려면 화성에서 1년 반을 기다려야 한다).

1932년 발표되어 화제를 일으킨, 미래를 그린 대표적인 디스토피아 소설 『멋진 신세계』의 저자 올더스 헉슬리는 그랬다. 우주는 인간의 정신에 도전을 내던져주고 인간은 미미하고 비천함에도 그 도전을 집어 들어왔다고. 그로부터 약 100년이 지난 오늘날, 일론 머스크라는 한 기업가는 전기차를 만들겠다더니 전기차를 만들어내고, 로켓을 주차시키겠다더니 정말 그 어려운 걸 해냈다. 일론 머스크의 도전 정신이라면 정말 이 어려운 화성 여행이라는 꿈을 이뤄낼지도 모르겠다. 미래가 어떻게 흘러갈지 정확히 예측할 수 있는 사람은 없겠지만, 그리 멀지 않은 미래에 우리는 우주선과 꽤 가까이 지내고 있지 않을까.

면역염색의 비밀

×

예술과학

멋지게 차려 입어서 아름답고 세련된 사람을 볼 때 우리는 종종 '자체발광'이라고 얘기하곤 한다. 허나 이는 과학적으로는 틀린 말이다. 전구의 발명 이래로 대륙과 대양을 뒤덮는 빛의 홍수 속에 밤에도 인공 빛을 내며 살고 있는 인간이지만, 정작 스스로는 빛을 내지 못하기 때문이다. 그래서 우리 인간의 입장에서 스스로 빛을 낼 수 있는 능력을 갖춘 다양한 '발광생물'을 보다 보면 신비롭기 그지없다. 태양이 지고 바다에 어둠이

❖ 다양한 발광생물들

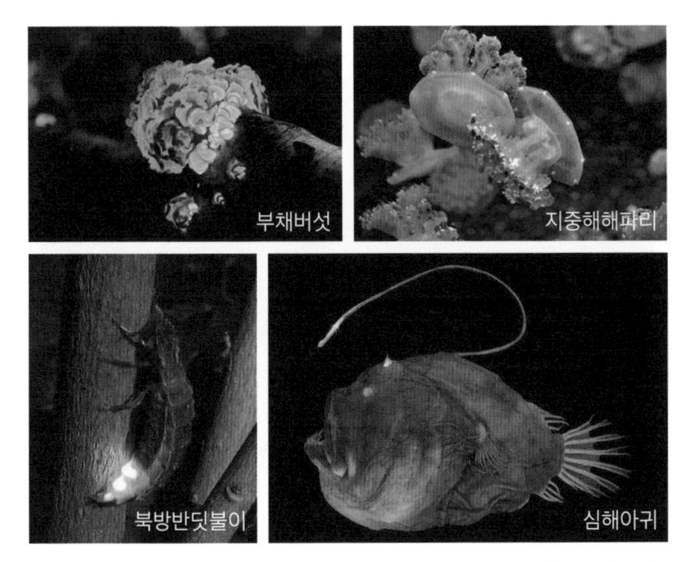

출처: wikipedia

짙게 깔리면 바다를 점령하는 한 무리의 예술가 해파리가 그렇고, 울창한 숲의 밤을 조용히 밝혀주는 버섯들이 그렇다. 여름밤 사람들을 놀래키곤 하는 반딧불이도 마찬가지다. 오죽하면 17세기 프랑스 철학자 데카르트는 바닷속에서 반짝이는 발광생물들을 보고 '부싯돌로 튀기는 불꽃' 같다는 찬사를 남겼을까.

반딧불이로부터 열린 면역염색의 길

1753년 미국의 정치가이자 과학자 벤자민 프랭클린은 바닷속 어떤 극소 생물이 스스로 빛을 낼 수 있다고 생각했다. 마법은 아니었다. 비결은 '루시페린'이라는 물질에 있었다. 루시페린은 발광생물의 몸속 세포에서 산소와 반응해 에너지를 빛의 형태로 방출한다. 1910년대 미국의 동물학자 뉴튼 하베이가 이 루시페린이 이에 관여한다는 것을 알아냈지만 그는 루시페린의 화학적 구조까지는 알아내지 못했다.

루시페린 연구를 본격적으로 시작한 건 일본 과학자 시모무라 오사무였다. 그는 제2차 세계대전 일본 군인들이 불빛 하나 없는 어두운 바다 위에서 우미호타루, 즉 갯반디를 잡아 지도와 통신문을 읽었다는 걸 듣고 발광생물에 매료되었다. 그때부터 시모무라는 루시페린의 화학적 구조를 밝히기 위해 갯반디 껍데기에서 루시페린을 정제하는 작업을 했다. 그는 더 나아가 해파리를 연구했다. 해파리가 내는 녹색빛의 주인공이 뭘까 골몰하며 19년 동안 85만여 마리의 해파리를 잡았다. 그는 해파리가 담겨 있던 바닷물에 발광 단백질이 묻어 나오는

❖ 녹색형광단백질을 발현시킨 쥐

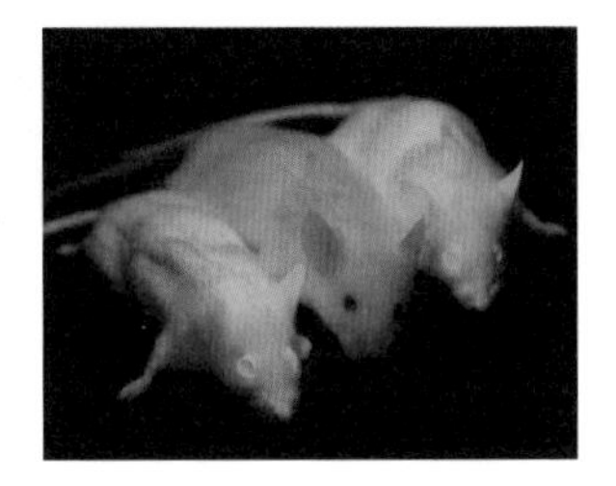

출처: wikipedia

걸 보고 여기서 발광 단백질 '에쿠오린', 이 에쿠오린이 내는 파란빛, 자외선을 흡수해 녹색 형광빛을 내는 '녹색형광단백질(GFP; Green Fluorescent Protein)'을 분리했다. 세계 최초였다.

"인간은 '자체발광' 하는 법은 없지만 녹색형광단백질을 이용하면 우리 몸속을 빛낼 순 있다." 1988년 마틴 챌피 미국 컬럼비아대 생물학 교수는 녹색형광단백질 유전자를 단백질과 융합하면 녹색형광을 이용해 특정 단백질의 모양을 추적할 수 있을 거라는 생각에 이르렀다. 해파리에서 추출한 녹색형광단백질 유전자로 단백질을 염색시키는 것이다. 우리가 꼭 기억해야 할 것에 형광펜을 칠하는 것처럼 세포나 단백질에 형광색을 칠하면 눈으로 볼 수 없는 새에 단백질의 미시세계를 선명하게 확인할 수 있다. 챌피는 녹색형광단백질 유전자와 에

❖ 녹색형광단백질 유전자 재조합에 의해 탄생한 예쁜꼬마선충

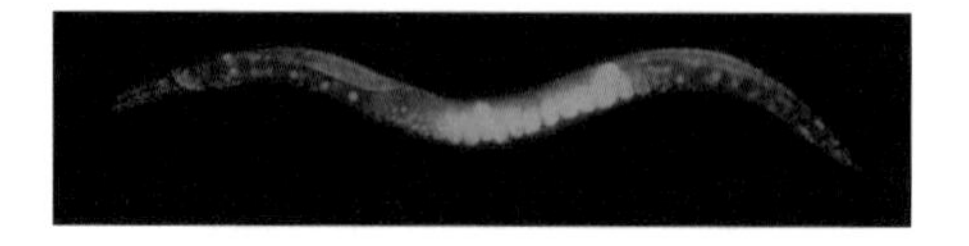

출처: wikipedia

쁜꼬마선충 유전자를 합해 예쁜꼬마선충의 정소 세포에 이것을 집어넣어 자외선을 받으면 녹색으로 빛나는 신경세포의 위치를 알아냈다. 현재의 우리가 암세포가 어떻게 퍼지고, HIV 감염이 어떻게 진행되며, 어떤 수컷이 암컷 초파리의 알을 수정하게 되는지까지 추적할 수 있는 이유가 바로 '면역염색(세포 또는 조직 등에서 특정한 단백질을 검출하기 위한 방법으로 개발한 항체를 사용하는 염색법)'의 길이 열렸기 때문이다.

여기서 한 발 더 나아간 과학자가 있다. 우리 몸의 단백질은 셀 수 없이 많다. 형광펜에도 노란색, 분홍색, 녹색, 보라색 등 여러 색깔이 있듯이 다양한 색으로 빛나는 녹색형광단백질 유전자를 만든다면 그 수많은 단백질이 서로 어떻게 상호작용하는지 알 수 있지 않을까? 시모무라가 녹색형광단백질을 발견했고 마틴 챌피가 녹색형광단백질을 세포 속에 주입했다면 미국의 생화학자 로저 첸은 이러한 다양한 색의 녹색형광단백

질을 개발하자는 아이디어에까지 이르렀다. 마침내 로저 첸은 1995년 해파리의 녹색형광단백질보다 더욱 강한 형광을 내는 녹색형광단백질을 만드는 데 성공했다. 첸과 시모무라, 챌피 세 사람은 녹색형광단백질을 발견하고 발전시킨 공로로 2008년 노벨화학상을 받았다.

예술이 된 면역염색

녹색형광단백질은 생명을 아름다운 예술로 바꿔놨다. 2007년 하버드대학의 조슈아 세인스 연구팀은 '브레인보우(Brainbow)' 기술을 《네이처》에 발표했다. 생명체의 세포에 있는 개별 단백질은 원래 현미경 아래에서도 볼 수 없을 만큼 작다. 그러나 그 작은 단백질도 녹색형광단백질 앞에서는 그 아름다운 모습을 드러낸다. 브레인보우 기술로는 형형색색의 화려한 무지갯빛으로 염색된 쥐의 신경세포들이 상호작용하는 것을 실시간으로 관찰할 수 있다.

동식물의 모습만 예술인 건 아니다. 인간은 발광생물의 빛

❖ 브레인보우 기술로 무지갯빛 숲처럼 드러낸 생쥐의 신경세포

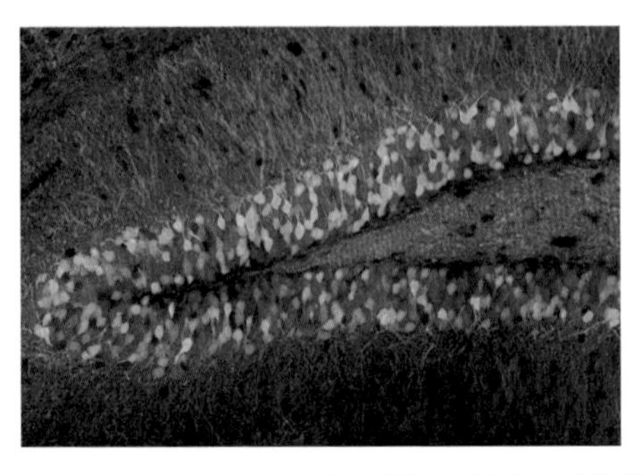

출처: 하버드대학교 뇌과학센터 홈페이지

나는 재능을 우리의 몸에도 대입시켰다. 그 덕에 이전이라면 결코 보지 못했을 우리 내면의 모습을 우리는 면역염색을 통해 관찰하고 있다. 코로나19 환자의 코 안에서 채취한 바이러스 세포를 단백질 항체로 염색해 현미경으로 관찰하거나, 우리 뇌 속의 신경세포들을 형광단백질로 염색해 인간의 뇌가 작은 우주를 이루고 있다는 걸 밝히는 일 등이 그러하다. 그 옛날 발광생물의 존재를 알지 못했던 사람들은 바닷속 해파리 등의 발광생물을 보며 '태양이 바다에 스며들었다.'고 생각했다는데, 이제는 우리 몸에 생명의 빛이 스며들고 있다. 이 빛은 우리를 어디까지 데려다줄까.

'수학'과 '코드'가 세상을 지킨다! 비트코인과 블록체인

언젠가 모르는 번호로 전화를 받은 적 있다. 그는 자신을 서울 중앙지검 검사라고 소개하며 현재 내 계좌가 심각한 사기 사건에 연루되었다고 했다. 그러더니 통장에 돈이 얼마가 들어 있냐, 누구에게 돈 빌려준 적 있냐는 질문부터 시작해 나보고 지금 은행에 빨리 가봐야 된다고 다그쳤다. 당시 나는 생방송을 하러 가는 중이었다. "아니 검사님! 제가 지금 생방송 가는 중인데요, 그럼 제가 겪은 피해는 누가 보상하나요!" 내가 이렇게 대답했더니 갑자기 그는 당황해하며 전화를 끊었다. 바로 엄마에게 전화를 걸어 이상한 전화를 받았다고 하소연을 했더니, 수화기 너머로 엄마가 말했다. "헛똑똑이구만. 그거 보이스 피싱이잖아."

신뢰하며 살기 어려워진 세상

누군가를 믿으면서 살기 쉽지 않은 세상이다. 이건 비단 개인 간의 문제만은 아니다. 더 큰 단위에서는 이 신뢰의 문제가 때로는 허탈함 이상으로 많은 것을 앗아간다. 철석같이 믿었던 금융기관의 파산, 2008년 금융 위기가 그 대표적인 예다. 똑똑한 사람은 다 모였다는 월가에서 이런 일이 발생할 거라고 예상한 사람이 몇이나 있었을까. 그 월가로 자금이 흘러들어 갈 여건을 만든 미국 중앙은행의 저금리 정책과 거기에 더해진 월가의 무분별한 파생상품 투자, 이들을 공정하게 감시해야 했던 신용평가사들의 도덕적 해이, 그리고 누구보다 믿었던 거대 중앙조직의 배신은 결국 전 세계 수많은 사람들의 자산을 공중분해시켰다. 그리하여 모두가 슬픔과 분노에 잠겨 있던 이 시기, 어쩌면 운명처럼 '비트코인'이 탄생했다.

신뢰가 필요 없는 구조의 탄생, 암호화 기술

「비트코인: 개인 간 전자화폐 시스템」이라는, 비트코인의 시작을 알렸던 이 백서의 서문을 정리해보면 대략 이렇다.

> 인터넷 기반 상거래는 제3자 역할을 하는 '금융기관'에 의존해 왔다. 그러나 금융기관을 통해서는 '완전한 비가역적인 거래(되돌릴 수 없는 거래)'는 불가능하다. 조작과 사기의 가능성 속에 중재가 필요하고, 이러한 신뢰를 담보하는 데는 더 큰 비용이 든다. 여기서 필요한 건 '신뢰' 대신 '암호학적 증명'에 기반한 전자 결제 시스템이다. 컴퓨터를 활용해 되돌릴 수 없는 거래를 만들어내면 신뢰를 매개하는 제3자 없이도 '이중 지불' 문제를 해결한 안전한 거래가 가능해진다.

잠시 이 세계에서 금융기관이 사라졌다고 가정해보자. 내가 여러분에게 10만 원을 빌리고 갚기로 했는데, 갚지 않아 놓고 갚았다고 주장하면 여러분은 어떻게 그 억울함을 증명할 수 있을까? 비트코인은 '블록체인' 기술로 바로 이 문제의 해결법을 제시했다. 우선 '10만 원을 송금했다는 기록'을 전자 서명을 통해 장부에 남긴다. 이때의 장부가 흔히 말하는 '블록'이다. 한 가지 더 알아둘 건 블록에는 거래 내역이 '암호화'되어서 '코드' 형태로 저장된다는 것이다. 그런데 이 코드만 보고는 거래 내역에 정확히 뭐라고 쓰여 있었는지 알 수 없다. 어쨌거나 이런 식의 룰을 만들어 실시한 첫 번째 비트코인 거래 기록이 바로 '제네시스 블록'이었다.

결국 이 블록체인 기술은 두 번째 블록엔 첫 번째 블록의 코드가, 다시 세 번째 블록엔 두 번째 거래의 코드 기록이 함께 남는 식이었다. 짐작되겠지만 이런 방식으로 모든 거래(블록)가 연결되면 누구도 끊기 힘든 아주 강력한 '체인'이 만들어진다. 정확히 몇 시 몇 분에 거래를 했다는 것까지는 몰라도, 체인이 연결된 그 순서 자체가 거래의 순서를 말해준다(이걸 '타임스탬핑'이라 한다). 어느 한 블록을 위조하거나 해킹하려 해도 모든 블록에 앞선 블록들의 기록이 남겨져 있으니 위조 자체가 현실적으로 불가능한 것이다.

바로 이렇게 1MB의 정보를 담은 블록들이 주욱 나열된 것이 바로 비트코인이다. 제일 중요한 것은 이 모든 정보를 거래 당사자뿐만이 아닌 모든 사람이 함께 기록한다는 것이다. 뉴스에서 흔히 듣는 '분산원장 기술'이 바로 이것이다. 말보다는 행동이 아니던가. 이제는 신뢰라는 말을 꺼낼 필요가 없게 되었다. 대신 조용히 블록을 연결하면 그만이다.

'수학'과 '코드'로 꽃 피울 투명한 사회

초창기에는 소수의 '노드(컴퓨터)'들만이 참여했던 블록체인에 이제는 더 많은 노드가 참여하고 있다. 연결되는 블록들이 많아진다는 것은 그만큼의 신뢰 역시 쌓이고 있다는 것이고, 그 체인의 연결 강도도 더 세진다는 뜻이다. 신뢰를 매개한다는 이유로 거대 권력을 가졌던 중앙조직 없이도, 더 안전하고 평등하고 투명한 사회가 만들어질 수 있다는 새로운 가능성. 이것을 블록체인이 보여주고 있는 것이다.

신뢰가 '수학'과 '코드'로 블록에 담겼다. 이 완전무결한 블록의 가치를 믿는 사람들이 비트코인으로 그 믿음을 증명하며 하나의 경제 생태계를 만들고 있다. 치솟는 비트코인 가격만이 주목받는 요즘이지만 블록체인이라는 새로운 세계의 진짜 가치는 돈보다 신뢰에 있다. 딱딱하게만 느껴지는 수학과 컴퓨터로 믿음을 만들어내는 시대라니. 비록 우리 사회의 절대 다수가 이 신뢰를 택해야 한다는 전제는 붙어야 하겠지만 사람 목소리를 너무나 쉽게 믿는 나 같은 헛똑똑이들에게 과학은 생각 이상으로 든든한 존재가 되고 있는 듯하다.

논문

◇ A. Hedenström, L. C. Johansson, M. Wolf, R. von Busse, Y. Winter, G. R. Spedding, 「Bat Flight Generates Complex Aerodynamic Tracks」, 『Science』, Vol. 316(Issue 5826), American Association for the Advancement of Science, 2007, p894-897.

◇ Abigail C. Allwood, 「Evidence of life in Earth's oldest rocks」, 『Natur』, Vol. 537(Issue 7621), CrossRef, 2016, p500-501.

◇ Alexandre Loureiro, Gabriela Jorge da Silva, 「CRISPR-Cas: Converting A Bacterial Defence Mechanism into A State-of-the-Art Genetic Manipulation Tool」, 『Antibiotics』, Vol. 8(Issue 1), Medline, 2019, p18.

◇ Andrew V. Anzalone et al, 「Search-and-replace genome editing without double-strand breaks or donor DNA」, 『Nature』, Vol. 576(Issue 7785), 2019, p149-157.

◇ Arthur Aron et al, 「Reward, motivation, and emotion systems associated with early-stage intense romantic love」,

『Journal of Neurophysiology』, Vol. 94(Issue 1), 2005, p327-364.

- Bas Jorrit Hensen, 「Quantum Nonlocality with Spins in Diamond」, doctoral thesis, Delft University of Technology, 2016.
- Blanton L. V, 「Gut bacteria that prevent growth impairments transmitted by microbiota from malnourished children」, 『Science』, Vol. 351(Issue 6275), American Association for the Advancement of Science, 2016, p830.
- Cassandra Willyard, 「New human gene tally reignites debate」, 『Nature』, Vol. 558(Issue 7710), 2018, p354-355.
- Charles H. Smith, 「Wallace, Darwin and Ternate 1858」, 『Notes and Records of the Royal Society of London』, Vol. 68(Issue 2), Royal Society Publishing, 2014, p165-170.
- Dana Carroll, 「Genome engineering with zinc-finger nucleases」, 『Genetics』, Vol. 188(Issue 4), Medline, 2011, p773-855.
- Elizabeth H. Blackburn, 「Telomeres and Telomerase: The Means to the End (Nobel Lecture)」, 『Angewandte Chemie International Edition』, Vol. 49(Issue 41), Wiley, p7405-7421.
- Elizabeth H. Blackburn, Elissa S. Epel, 「Too toxic to

ignore」, 『Nature』, Vol. 490(Issue 7419), 2012, p169-171.
- Fahed Hakim et al, 「Fragmented sleep accelerates tumor growth and progression through recruitment of tumor-associated macrophages and TLR4 signaling」, 『CANCER RESEARCH』, Vol. 74(Issue 5), Medline, 2014, p1329-1366.
- Frank Arute et al, 「Quantum supremacy using a programmable superconducting processor」, 『Nature』, Vol. 574(Issue 7779), Medline, 2019, p505-511.
- H. Sebastian Seung, 「Half a century of Hebb」, 『Nature Neuroscience』, Vol. 3, CrossRef, 2000, p1165-1166.
- Israelyan Narek, Margolis Kara Gross, 「Serotonin as a link between the gut-brain-microbiome axis in autism spectrum disorders」, 『Pharmacological Research』, Vol. 132, Elseviler, 2018, p1-6.
- J. S. Bell, 「Bertlmann's Socks and The Nature Of Reality」, 『Colloque de physique』, Vol. 42, CrossRef, 1981, p2.
- J. S. Bell, 「On the Einstein Podolsky Rosen paradox」, 『Physics Physique FizikaPhysics Physique физика』, Vol. 1(Issue 3), CrossRef, 1964, p195-200.
- James Clerk Maxwell, 「A dynamical theory of the electromagnetic field」, 『Royal Society』, Vol. 155, 1865,

p459-512.

◇ James D Watson, Francis H Crick, 「Molecular structure of nucleic acids: a structure for deoxyribose nucleic acid」, 『American Journal of Psychiatry』, Vol. 160(Issue 4), Medline, 2003, p623-627.

◇ John Pendry, 「All smoke and metamaterials」, 『Nature』, Vol. 460(Issue 7255), CrossRef, 2009, p579-580.

◇ K. S. Makarova et al, 「Genome of the Extremely Radiation-Resistant Bacterium Deinococcus radiodurans Viewed from the Perspective of Comparative Genomics」, 『Microbiology and Molecular Biology Reviews』, Vol. 65(Issue 1), CrossRef, 2001, p44-79.

◇ Konopka R. J, Benzer S, 「Clock mutants of Drosophila melanogaster」, 『Proceedings of the National Academy of Science』, Vol. 68(Issue 9), 1971, p2112-2116.

◇ Mohammad A. Jafri et al, 「Roles of telomeres and telomerase in cancer, and advances in telomerase-targeted therapies」, 『Genome Medicine』, Vol. 8(Issue 1), BioMed Central, 2016.

◇ Morten L. Kringelbach, Kent C. Berridge, 「The functional neuroanatomy of pleasure and happiness」, 『Discovery medicine』, Vol. 9(Issue 49), Medline, 2010, p579-587.

◇ Murray Campbell, A. Joseph Hoane, Feng-hsiung Hsu, 「Deep Blue」, 『Artificial Intelligence』, Vol. 134(Issue 1), Elsevier, 2001, p57-83.
◇ Siegfried Wahl, 「The inner clock—Blue light sets the human rhythm」, 『J. Biophotonics』, Vol. 12(Issue 12), Wiley, 2019.
◇ Stephen C Bondy, Arezoo Campbell, 「Mechanisms Underlying Tumor Suppressive Properties of Melatonin」, 『International Journal of Molecular Sciences』, Vol. 19(Issue 8), Medline, 2018, p2205.
◇ Tom B. Brown et al, 「Language Models are Few-Shot Learners」, arXiv:2005.14165, 2020.
◇ William Alexander Hernandez, 「St. Augustine on Time」, 『International Journal of Humanities and Social Science』, Vol. 6, University of Houston, 2016, p37-40.
◇ 김제완, 「미리 보는 상대성이론 100주년 기념 전시회」, 『과학과 기술』, 38권(1호), 한국과학기술단체총연합회, 2005, p87-92.
◇ 박성권, 윤은영, 「동물성 단백질 식품으로서의 곤충의 이용」, 『축산식품과학과 산업』, 7권(1호), 한국축산식품학회, 2018, p12-20.
◇ 신재공, 「표적 기억 재활성화로 수면 중 기억 강화 증진시키

기」, 『수면·정신생리』, 24권(2호), 대한수면의학회, 2017, p79-85.
- 이현정, 조철훈, 「세계 대체육류 개발 동향」, 『세계농업』, 223권(223호), 한국농촌경제연구원, 2019, p51-67.
- 임성빈, 「빅뱅 시 빛에서 물질·힘 갈라져 나와」, 『과학과 기술』, 41권(10호), 한국과학기술단체총연합회, 2008, p87-89.
- 최덕근, 「지구 46억년의 역사: 수축·폭발로 탄생…10억년 전 생명체 출현…지금은 빙하시대」, 『과학과 기술』, 36권(6호), 한국과학기술단체총연합회, 2003, p50-55.

정기간행물

- Francis Crick(1970), 「Central Dogma of Molecular Biology」, 『Nature』, Vol. 227, p561-563.
- 고재원(2013), 「뇌 기능의 비밀: 시냅스」, 『Bio Youth Camp』, 제9회, 한국분자세포생물학회, p18-20.
- 김현일(2016), 「사람에게 장기를 줄 수 있는 돼지의 개발」, 『pig & pork 한돈』, 2016년 2월호, 월간 피그앤포크 한돈, p200-204.

보고서

- United Nations New York(2019), 『World Population Prospects 2019』, United Nations.

◇ 농림축산식품부(2018), 『식용 곤충을 이용한 고부가가치 기능성 식품 소재 발굴 및 산업화 기술 개발 최종보고서』, 농림축산식품부, p19-206.
◇ 김현중 외4인(2020), 『가축분뇨 자원화 여건 변화와 대응과제』, 한국농촌경제연구원, p2.
◇ 식품의약품안전처(2017), 『유전자 가위기술 연구개발 동향 보고서』, 식품의약품안전평가원, p1-55.

단행본

◇ 리처드 뮬러, 장종훈·강형구 역, 이해심 감수, 『나우: 시간의 물리학』, 바다출판사(2019).
◇ 맬서스, 이서행 역, 『인구론』, 동서문화사(2016).
◇ 스티븐 호킹, 김동광 역, 『시간의 역사』, 까치(2021).
◇ 아우구스티누스, 박문재 역, 『고백록』, CH북스(2016).
◇ 장홍제, 차상원, 『진짜 궁금했던 원소질문 30』, 과학동아(2019), p18.
◇ 찰스 다윈, 이민재 역, 홍영남 감수, 『종의 기원』, 올제클래식스(2012), p44.

사이트

◇ IBM100(www.ibm.com/ibm/history/ibm100/us/en/)
◇ patchv3(patchv3.com)

- UCLA 뉴스룸(newsroom.ucla.edu)
- 강북삼성병원(www.kbsmc.co.kr/index.jsp)
- 과학기술 지식인프라 사이언스온(scienceon.kisti.re.kr/main/mainForm.do)
- 과학문화포털 사이언스올(www.scienceall.com)
- 교육부 공식 블로그(if-blog.tistory.com)
- 국립인간게놈연구소(www.genome.gov)
- 국제암연구소(www.iarc.who.int)
- 국제천문연맹(www.iau.org)
- 기초과학연구원(www.ibs.re.kr/kor.do)
- 기획재정부 경제e야기(blog.naver.com/mosfnet)
- 나사(www.nasa.gov)
- 노벨상(www.nobelprize.org)
- 대한장연구학회(http://www.kasid.org/main/main.html)
- 듀크대학교 알코올 약리학 교육 파트너십(sites.duke.edu/apep/)
- 딥마인드(deepmind.com)
- 물정보포털(www.water.or.kr)
- 미국국립보건원(www.nih.gov)
- 미국국립의학도서관 생물공학정보센터(pubmed.ncbi.nlm.nih.gov)
- 미국국립인간유전체연구소(www.genome.gov)
- 바이오스피어2(biosphere2.org)

- 바이오안전성포털(biosafety.or.kr)
- 블록체인(www.blockchain.com)
- 비트코인(bitcoin.org)
- 생명공학정책연구센터(www.bioin.or.kr/index.do)
- 생명의미래연구소(futureoflife.org)
- 서부호주 정부(www.dmirs.wa.gov.au)
- 서울대학교Responds to COVID-19(www.snu.ac.kr/coronavirus)
- 서울시립과학관(science.seoul.go.kr/main)
- 세계보건기구(www.who.int)
- 세티연구소(seti.org)
- 스미소니언 박물관(www.si.edu)
- 스키터블닷컴(www.nature.com/scitable/)
- 스탠퍼드대학교 생명공학대학(bioengineering.stanford.edu)
- 스탠퍼드대학교 솔라센터(solar-center.stanford.edu/)
- 스탠퍼드의과대학 유전학과(genetics.thetech.org)
- 아주대학교의료원 웹진 아주스토리(hosp.ajoumc.or.kr/Ajoustory/Index.aspx)
- 애리조나주립대학교(news.arizona.edu)
- 웨이백머신(web.archive.org)
- 유럽우주청(www.esa.int)
- 유엔식량농업기구(www.fao.org/home/en/)
- 유튜브(www.youtube.com)

- 존 F. 케네디 도서관(www.jfklibrary.org)
- 차병원(chamc.co.kr/main.aspx)
- 첨단정보통신융합산업기술원(www.iact.or.kr/index.php)
- 컬럼비아대학교 온라인 백과사전(/www.bartleby.com)
- 케임브리지대학교 도서관 다윈프로젝트(www.darwinproject.ac.uk)
- 케임브리지대학교(www.cam.ac.uk)
- 코넬대학교 버섯 블로그(blog.mycology.cornell.edu)
- 코넬대학교 아카이브(arxiv.org)
- 테드(www.ted.com)
- 프랑스 과학문헌디지털도서관(www.bibnum.education.fr/)
- 하버드대학교 예술과학대학원(sitn.hms.harvard.edu)
- 한국연구재단(webzine.nrf.re.kr/nrf_1406/main/main.php)
- 한국천문연구원(astro.kasi.re.kr)
- 환경부 공식 포스트(post.naver.com/my.nhn?memberNo=534190)

기사

- 「'Invisibility cloak' metamaterials make their way into products」, 『Financial Times』, 2018-05-29.
- 「CRISPR slices virus genes out of pigs, but will it make organ transplants to humans safer?」, 『Science』, 2017-08-10.

◇ 「Detection of gravitational waves wins 2017 Nobel Prize in Physics」, 『C&EN』, 2017-10-3.
◇ 「Does Our Moon Have Weather?」, 『Forbes』, 2019-07-18.
◇ 「Hubble's sweeping view of the Coma Galaxy Cluster」, 『ESA/Hubble』, 2008-06-10.
◇ 「Impact of diet-microbiota interactions on human metabolism」, 『Nature』, 2019-06-17.
◇ 「It's 2016, So Where Are All the Meal-Replacement Pills Already?」, 『VICE』, 2016-10-07.
◇ 「Prochlorococcus」, 『Current Biology』, 2017-06-05.
◇ 「Remains of impact that created the Moon may lie deep within Earth」, 『Science』, 2021-05-23.
◇ 「Sorry, Einstein. Quantum Study Suggests 'Spooky Action' Is Real」, 『TheNewYorkTimes』, 2015-10-21.
◇ 「The International Space Station can't last forever. Here's how it will eventually die by fire」, 『Space.com』, 2020-11-02.
◇ 「There Are At Least 36 Intelligent Alien Civilizations In Our Galaxy, Say Scientists, 『Forbes』, 2020-06-15.
◇ 「This Tiny Creature Survived 24,000 Years Frozen in Siberian Permafrost」, 『TheNewYorkTimes』, 2021-06-07.
◇ 「World's first lab-grown burger is eaten in London」, 『BBC』,

2013-8-05.
- Charles Darwin's hunch about early life was probably right」, 『BBC Future』, 2020-11-12.
- 「박테리아서 진화된 인간유전자 없다」, 『연합뉴스』, 2001-05-18.
- 「1678년 호이겐스의 원리 발견」, 『사이언스타임즈』, 2004-09-30.
- 「달에 상당량 물…얼음형태로 존재」, 『중앙일보』, 2009-11-16.
- 「밀러 행성 1시간이 지구의 7년?…비밀은 重力」, 『한국경제』, 2014-11-17.
- 「미 우주탐사선 뉴호라이즌스호, 명왕성 도착… 15일 오전 성공여부 확인」, 『Chosun Biz』, 2015-07-14.
- 「[책꽂이-환자 H.M.] 기억을 잃고 '실험쥐'가 된 남자」, 『서울경제』, 2018-03-16.
- 「'제2의 유전자'…장내미생물 연구로 '질병정복' 꿈꾼다」, 『매일경제』, 2018-04-04.
- 「노벨 생리의학상 마이클 영 교수 "야근-야식 잦으면 몸 생체시계 뒤죽박죽"」, 『동아일보』, 2018-09-18.
- 「알코올로 인한 뇌 손상, 수 주간 지속된다」, 『의약뉴스』, 2019-04-06.
- 「'혈관 갖춘' 인공심장 3D 프린팅 첫 성공... 텔아비브대 연구

팀」, 『YTN』, 2019-04-16.
◇ 「첫 현생인류는 20만년 전 남아프리카人…지구 자전축 변화 따른 기후변화로 확산」, 『동아사이언스』, 2019-10-29.
◇ 「약이 되는 장내 미생물…알츠하이머, 암까지 고친다」, 『조선일보』, 2019-11-07.
◇ 「실종설 '유전자 가위 대가'… 中당국은 왜 그를 감옥에 넣었나」, 『중앙일보』, 2020-01-01.
◇ 「새로운 단백질원으로 주목받는 곤충」, 『조선일보』, 2020-01-18.
◇ 「신경 구조를 밝힌 라몬 이 카할 태어나다」, 『동아사이언스』, 2020-05-02.
◇ 「[IT과학칼럼] 아인슈타인·피카소의 4차원적 상상력」, 『헤럴드경제』, 2020-05-21.
◇ 「양자 세계에서는 '순간이동'이 가능하다」, 『사이언스타임즈』, 2020-06-24.
◇ 「프랑스 스타트업, 이달말 전세계 최대 곤충사육 공장 개장」, 『머니투데이』, 2020-07-29.
◇ 「화성을 제2의 지구로 만드는 것이 가능할까?」, 『사이언스타임즈』, 2020-11-10.
◇ 「국민 100명 중 5명은 우울증…10년 사이 2배 증가」, 『YTN』, 2020-11-30.
◇ 「지구보다 춥지만…화성에 먼저 새봄이 찾아왔다」, 『한겨레』,

2021-02-04.
- 「중국 '인공태양' 1억2천만℃에서 101초 유지 성공」, 『MBC』, 2021-06-01.
- 「WHO 사무총장, 중국에 코로나19 기원 조사 협조 촉구」, 『연합뉴스』, 2021-06-13.

방송

- 〈빛의 물리학-2부 빛과 공간 일반상대성이론〉, EBS 다큐프라임, 2015-07-28.

법령

- 달과 기타 천체를 포함한 외기권의 탐색과 이용에 있어서의 국가 활동을 규율하는 원칙에 관한 조약, 1967. 10. 13. 발효, 제1조.

누워서 과학 먹기

초판 1쇄 발행 2021년 8월 3일

지은이 | 신지은
펴낸곳 | 원앤원북스
펴낸이 | 오운영
경영총괄 | 박종명
편집 | 김상화 최윤정 이광민
디자인 | 윤지예
마케팅 | 송만석 문준영 이지은
등록번호 | 제2018-000146호(2018년 1월 23일)
주소 | 04091 서울시 마포구 토정로 222 한국출판콘텐츠센터 319호(신수동)
전화 | (02)719-7735 팩스 | (02)719-7736
이메일 | onobooks2018@naver.com 블로그 | blog.naver.com/onobooks2018
값 | 16,000원
ISBN 979-11-7043-233-3 03400

* 페이스메이커는 원앤원북스의 예술·취미·실용 브랜드입니다.
* 잘못된 책은 구입하신 곳에서 바꿔드립니다.

* 원앤원북스는 독자 여러분의 소중한 아이디어와 원고 투고를 기다리고 있습니다.
원고가 있으신 분은 onobooks2018@naver.com으로 간단한 기획의도와 개요, 연락처를 보내주세요.